ブレインサイエンス・レクチャー 4

自己と他者を認識する脳のサーキット

浅場明莉 著　一戸紀孝 監修
市川眞澄 編

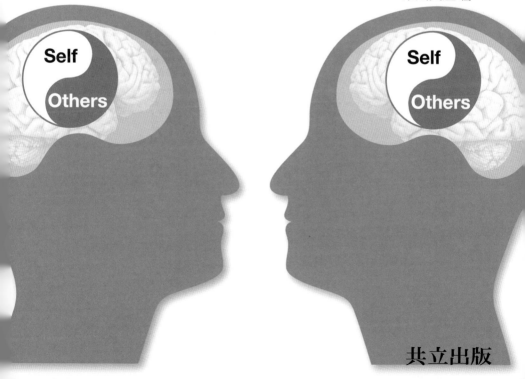

共立出版

本シリーズの刊行にあたって

　脳科学とは，脳についての科学的研究とその成果としての知識の集積です．脳科学は，紆余曲折や国ごとの栄枯盛衰があったとはいえ，全世界的に見ると20世紀はじめから21世紀にかけて確実に，そして大いに進んできたといえるでしょう．さまざまな研究技術の絶えまない発展が，そのあゆみを強く後押ししてきました．また，研究の対象領域の広がりも進んでいます．人間や動物の営みのほぼすべてに脳がかかわっている以上，これも当然のことなのです．

　反面，著しい進歩にはマイナス面もあります．一個人で脳科学の現状の全体像を細かなところまで把握するのは，いまやとても難しいことになってしまっています．脳のあるひとつの場所についての専門家であっても，そのほかの脳の場所についてはほとんど何も知らないといったことも，それほど驚くべきことではありません．また，新たに脳について学ぼうとする人たちからの，どこから手をつければいいのかさっぱりわからない，という声も（いまにはじまったことではありませんが）よく理解できます．

　こういった声に応えることを目標として，今回のシリーズを企画しました．このシリーズは，脳科学の特定のテーマについての一連の単行本からなります．日本語訳すれば「脳科学講義」となりますが，あえてちょっとだけしゃれてみて「ブレインサイエンス・レクチャー」と名づけました．1冊ごとに興味深いテーマを選んで，ごく基本的なことから，いま実際に行われている先端の研究で明らかになっていることまで，広く紹介するような内容構成になっています．通して読むことによって，読者が得られるものは大きいであろうと期待しています．

　本シリーズの編集にあたっては，脳科学研究の最前線にたって多忙をきわめている研究者の方々に，たいへんな無理をいってご執筆いただきました．執筆

本シリーズの刊行にあたって

の依頼に際しては，できるだけ初心者にもわかりやすいように，そして大事な点については重複をいとわず，繰り返し書いていただくようにお願いしてあります．加えて，読みやすさとわかりやすさのために，できるだけ解説図を増やすことと，特に読者の関心を引きそうな点や注目すべき点についてはコラムなどで別に解説してもらうことも要請しました．さらに各章末では，Q&A 形式による著者との質疑応答も，内容に広がりをもたせるために企画してみました．

このシリーズによって脳の実際の「しくみ」と「はたらき」や，脳の研究の面白さが，読者の皆さんにわかっていただけるように願ってやみません．入門者や学生のみなさんにとっては，最先端研究の理解への近道として役立つことと思います．また，脳の研究者や研究を志している方々にとっても，自らの専門外の知識の整理になり，新しい研究へのヒントがどこかで必ず得られるものと信じています．

今回のシリーズ企画にあたっては共立出版の信沢孝一さんに，また実際の編集作業と Q&A 用の質問の作成については，同社の山内千尋さんにお世話になりました．たいへんありがとうございました．

東京都医学総合研究所　脳構造研究室長
徳野博信
（2015 年 8 月病没）

まえがき

　この本を読んでいるみなさんは，毎日の生活のなかで"自分"が"自分"であることに対して疑問を抱くことはほとんどないでしょう．自分は自分であって，他の誰でもありません．朝，目を覚まして，洗面台で顔を洗って鏡をみるとおなじみの自分の顔が映ります．帰りの電車のガラス窓に映る自分の顔が朝より少し疲れているのに気づくこともあるかもしれませんが，やはり見慣れた自分の顔が目に見えます．眠りに就いて意識がない状態になっても，目覚まし時計の音が耳に入ったりすれば，自分の身体は自分に与えられた刺激に反応し，また目を覚ますことでしょう．自分の手や足はまぎれもなく自分自身のものであり，他者の手や足を自分の意思で動かすことはできません．自分の行動や考えは自分自身で制御できると感じ，映画の世界のように他者や宇宙人によってコントロールされることもないはずです．

　このような自分に関わる身体や心の情報を，自分のものとして処理し，自己とそれ以外とを区別するという能力は，自分自身の"自己認識"によって支えられています．当たり前のように感じている自己認識ですが，それが精神疾患や脳の損傷によって失われることも知られています．たとえば，統合失調症の患者さんでは，他人に自分を動かされている感覚をもつことがしばしばみられます．脳卒中や脳血栓や事故によって脳に損傷を負うことでも，自己認識の喪失や，当人の人格が急に変わるといった自己認識の変動が起こることもあります（Feinberg, 2001）．脳の損傷や異常によって自己認識に異常が起こることから，自己認識の大部分はやはり脳のはたらきによって生み出されているといえます．

　そして，私たちは生まれてから死ぬまで自分一人だけでは生きていけず，他

まえがき

者と関わりコミュニケーションを取りながら生き続けていきます．生まれたときには家族と，学校に行くころには友人と，大人になってからは同僚と．一日中引きこもって誰にも合わない日があっても，テレビをつければドラマが放送されていて，そこに他者を感じます．見知らぬ他者が溢れる人混みの中にいても，衝突を上手に避けて歩くことができます．

　他者との関わりを切っても切れない私たちは，自分のまわりにあふれる他者を認識するために必要な能力をもっています．私たちの脳は，他者を単なる物としてではなく，特異的に処理していることがさまざまな研究により示されています．この脳の機能により，他者が何者であるのかを認識することができます．他者がどのような動きをしているのかを知ることができます．他者の動きを見て何を考えているのかを推測することもできます．ときに，他者と同じような気持ちになったり，他者と同じ仕草をしてしまったりするのも，脳に潜む機能に由来しています．では，脳のどのような機能が他者の動き，意図や感情の理解に関与しているのでしょうか．そして，他者の情報と自己の情報を混線させずに処理するシステムはあるのでしょうか．

　脳の神経回路は膨大で複雑でややこしく，道に迷うこともあるかもしれませんし，同じところに戻ってきて結局到着するところもないかもしれませんが，たくさんの研究者が自己と他者を知る神経回路の解明にチャレンジしています．彼らの研究や実験をヒントにしながら，脳の中に広がる他者と自己を知るための地図をいっしょに探索しにいきましょう．

謝　辞

　この本を書くにあたり，多くの方々にご協力をいただきました．国立精神・神経医療研究センター，微細構造研究部の鈴木　航先生と安江みゆき先生には研究の様子がよくわかるイラストを提供していただきました．原稿を読んでくださった野口　潤先生からは，的確なコメントをいただいたおかげで，本巻を学術的にしっかりした内容に仕上げることができました．麻布大学大学院の小林　愛さんと中村月香さんからは動物の情動伝染や共感について，知見をご教授いただきました．この場を借りて厚くお礼申し上げます．また，本巻執筆の機会を与えてくださり内容や構成についてアイディアを下さった一戸紀孝先

生，有意義なアドバイスやご指示を下さった編集委員の市川眞澄先生，最後まで励ましの言葉をくださり執筆を支えていただいた共立出版編集部の山内千尋さんと三輪直美さんに深く感謝致します．

浅場明莉

目 次

第 1 章 はじめに　　1
1.1 脳のはたらきを調べるには　　1
1.1.1 脳の障害によって起こる症状から調べる"神経心理学"　　3
1.1.2 脳の電気活動を測る"神経生理研究"　　4
1.1.3 外側から脳の画像をとらえる"脳機能画像技術"　　6
1.2 大脳皮質の構成　　7
1.2.1 頭頂葉　　7
1.2.2 体性感覚野　　9
1.2.3 前頭葉　　10
1.2.4 前頭前野　　11
1.2.5 高次運動野　　13
1.2.6 運動前野　　13
1.2.7 上側頭溝　　14
1.2.8 側頭頭頂接合部　　15

第 2 章 自己の身体を認識する　　19
2.1 自己とは何か　　19
2.2 自分の身体は自分のものだと思う感覚　　20
2.2.1 逆さメガネと自己受容感覚　　21
2.2.2 ラバーハンド錯覚　　23
2.2.3 自分の身体を知覚する運動前野　　24
2.2.4 自分の身体を知覚する頭頂連合野　　25
2.2.5 自分の身体を知覚する要素　　26

2.3		自分の動きを知覚する脳	28
	2.3.1	2つの視覚系経路	28
	2.3.2	頭頂連合野の構成とその出力経路	30
	2.3.3	自分の動きを実行する脳部位	32
	2.3.4	自分の動きを予測してモニターする	32
	2.3.5	道具もタイミングが一致すれば自分の一部	35
	2.3.6	自分の行動を決定する脳部位	36
2.4		顔を認知する	38
	2.4.1	自分の顔に口紅がついていたら	39
	2.4.2	鏡の世界が過去だったら	40
	2.4.3	動物は自分の顔を認知できる？	41
	2.4.4	顔認知に関わる脳部位	42
	2.4.5	自分の顔を認知する脳部位	43
2.5		身体の視覚情報を処理する部位	44

第3章　自己の心を理解する"自己意識"　48

3.1	ジョハリの窓	48
3.2	メタ認知とは	49
3.3	外からみた自分，中からみた自分	53
3.4	自己意識の発達過程	53
3.5	動物のメタ認知	55
3.6	自己の名前認識	58
3.7	動物の名前認識	59
3.8	自己の身体の痛みを認識する脳	59
3.9	ひとりぼっちを痛いと認識する脳	61
3.10	自己の気分を認識する脳	63
3.11	自己を内省する脳	64

第4章　他者との関係を認識する　70

4.1	社会脳とは	70

4.2	動物たちの雌雄の判別	71
4.3	顔の性別識別	73
4.4	顔による個体認識	74
4.5	社会的順位の認知	75
4.6	立場によって振舞いを変える脳のメカニズム	77
4.7	情動を伝えるボディランゲージ	79
4.8	匂いで伝わるピンチ	80
4.9	表情を読む動物	82
	4.9.1　ヒトの表情を読むイヌ	82
	4.9.2　表情を読むサル	83
4.10	他者の表情を理解する脳のメカニズム	84
4.11	他者との公平性を認知する	86
4.12	サルも公平性を認知する	87
4.13	自閉症児における表情への反応	90

第5章　他者の動きから心を読む　94

5.1	他者の動きを理解する	94
5.2	サルで発見されたミラーニューロン	95
5.3	ヒトのミラーニューロン	97
5.4	ミラーニューロンシステムに関わる脳部位	99
5.5	他者の感覚を共有するニューロン	101
5.6	ミラーニューロンシステム活性の条件	102
5.7	ミラーニューロンをもつ動物	104
5.8	ミラーニューロンシステムと自他の区別	107

第6章　他者の情動が伝染する，他者の情動に共感する　111

6.1	共感とは	111
6.2	痛みの情動伝染	114
6.3	痛みの伝染のネットワーク	115
6.4	どこまでが自己でどこまでが他者か	116

6.5	共感できる相手，共感できない相手	117
6.6	ロボットにも共感できる？	118
6.7	過去の経験が共感に影響を及ぼす	119
6.8	あくびの伝染	121
6.9	共感の障害	122
	6.9.1　アレキシサイミア	123
	6.9.2　サイコパス	124
6.10	共感のタイプ	126
6.11	喜びの共感	127

第7章　他者の心を理解する"心の理論"　130

7.1	心の理論を研究するためには	130
7.2	心の理論の発達	132
7.3	動物における心の理論	133
7.4	心の理論と自閉症スペクトラム	135
7.5	自己・他者・対象物の三項関係	137
7.6	他者の心を読むために必要なシステム	139
7.7	他者の視線を追う	141
7.8	視線の共有によって起こる現象	142
7.9	他者の視線を検出する脳部位	143
7.10	他者の目の表情を理解する	144
7.11	アニメーションをモデルとした心の理論	146
7.12	心の理論の神経基盤	150
	7.12.1　心の理論に関わる内側前頭前野，後部上側頭溝，側頭極	150
	7.12.2　心の理論に関わる側頭頭頂接合部	152
	7.12.3　損傷研究とイメージング研究の不一致	152

第8章　"ミラーニューロン"と"共感"と"心の理論"の違い　156

8.1	ミラーニューロンがはたらくとき	156
8.2	共感がはたらくとき	157

8.3	心の理論がはたらくとき	158
8.4	他者から学ぶ新しい価値観	159
8.5	他者としての自己	160
8.6	まとめ	161

おわりに　165

引用文献　167

索　引　185

1 はじめに

　本巻では，"自己と他者を認識する脳のサーキット"にはどのような脳神経基盤が関与しているかについて説明していきます．第1章では本巻に登場する脳部位などを紹介していきますので，すでにご存知の読者の方は，この章を飛ばして第2章から読みはじめてもらってかまいません．わからない脳領域や言葉がでてきたら，この第1章を参照してください．

1.1 脳のはたらきを調べるには

　脳を構成しているのはおもに神経細胞（ニューロン）です．ヒトの神経細胞は脳全体で860億個程度にもなると推定されています（Herculano-Houzel, 2012）．成人の髪の毛の本数は10万本ほどといわれていますが，その数が足元にも及ばないくらいの数の神経細胞が脳の中に詰まっています．数百億個にも上る神経細胞たちの役割をすべて調べるなんて途方にくれてしまいますが，これらは無秩序に脳の中に居座っているわけではありません．国によって人種が違うように，場所によって働いている人が違うように，脳も部位によって神経細胞の構造や役割が異なっています．

　現代の脳科学では，ドイツの神経科学者であるBroadmannが書いた脳地図が基礎となり，脳部位の機能と局在が区別されています（図1.1）．いまから100年くらい前の20世紀初期に，Broadmannは大脳皮質の神経細胞を染色して目に見えるようにし，組織構造が同様の部位をひとまとまりとして区分して，1から52までの番号をふりました．組織学的な部位の違いは，それ

第 1 章　はじめに

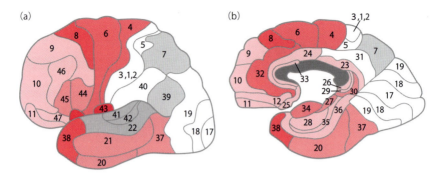

図 1.1　ヒトにおけるブロードマンの脳地図
　番号は，大脳皮質の神経細胞を染色し，組織構造が同じであるとした部位をひとまとまりとして表した Broadmann による分野名を示しています．
　(a) 外側面：脳を外から見た図．(b) 内側面：脳を内側から見た図．

ブロードマン（Broadmann）の脳地図

column

　図 1.1 のブロードマンの脳地図をよく見ながら，1 から 52 までの番号を探してみましょう．すると，見当たらない番号がいくつかあることに気が付きます．

　すぐに見つけられたでしょうか？　1 から 52 までの番号がふられているとされていますが，実は 13 〜 16，そして 48 〜 52 の番号がこの図では欠番になっています．13 野と 14 野は島皮質（図 3.6 参照）という領域に相当していて，外側溝とよばれる溝の中に存在しているためこの図からは省略されています．52 野は隠れている島皮質と側頭葉の結合部に相当する部位で，それもこの図から省略されています．

　その他の 15 野と 16 野，そして 48 〜 51 野までの番号はヒトにはふられておらず，サルや他の哺乳動物の脳について使われています．

　1 野，2 野，3 野がひとつのくくりにまとまっているのも不思議ですね．この領域は中心後回または一次体性感覚野に相当しています（1.2.1 項参照）．これらの 3 つは，隣にある 4 野（ベッツ（Betz）の巨大錐体細胞が存在しています）と特徴がはっきりわかれていることと，ご近所どうしであるため，習慣的にひとまとめによばれています．前方から 3 野，1 野，2 野の順番で並んでいて，3 野→ 1 野→ 2 野の順序で情報の処理が行われています．

ぞれの脳部位の脳活動をもとにした機能の違いと比較的一致していると考えられており，この区分に基づいて，それぞれの領野の機能が詳しく調べられています．たとえば，ブロードマンの4野とよばれる部位は，機能としては一次運動野とよばれる部位に相当していますが，その前方にあるブロードマンの6野に相当する運動前野とは果たしている役割が異なっていることが知られています．

領域の特徴や機能，そして脳神経基盤について考える前に，認知神経科学の専門領域で用いられる脳研究の手段についてまとめます．現在，認知機能の神経基盤を研究する方法は，大きく分けて3つあります．

1.1.1 脳の障害によって起こる症状から調べる"神経心理学"

1つは，脳の損傷が行動や認知に対してどのような影響を及ぼしているのかを調べ，推論する手段です．この方法は最も古くから用いられている方法で，神経心理学（neuropsychology）とよばれています．対象とされる障害や疾患はさまざまで，どの脳部位の傷害に伴って，どのような機能が損なわれるのかについて調べます．また，現在は行われていませんが，精神病者の暴力的な傾向を鎮めるためにロボトミーといわれる外科的手術を行うことにより脳の一部を他の脳部位から切り離す手法もありました．最近では，磁気共鳴画像法（magnetic resonance imaging: MRI）などを用いて損傷した部位を調べる試みも進められています．これらの研究を通じて，損傷した部位がどのような役割を担っているのかが明らかにされてきています．

長い歴史をもつ疾患として，言語障害をひき起こす失語症が挙げられます．失語症は，おもに脳出血，脳梗塞などの傷害によって脳の言語機能の中枢である言語野（解説「言葉を受け取る機能と言葉を発する脳」参照）が損傷されることによって，いままでできていた"聞く""話す""読む""書く"といった機能に支障が起こる状態です．記憶に障害が出る健忘症，認知症なども，司令塔である脳が障害されることによってひき起こされます．そのほかにも，ヒトの顔だけが認識できなくなってしまう相貌失認（prosopagnosia）や，自分の手足を自分のものではないと主張する身体失認（asomatognosia）なども，脳のある部分の傷害に由来していることがわかっています．また，近年は，自

第1章 はじめに

閉症スペクトラム障害（本章末のKey-Word参照）という対人コミュニケーションに関わる発達障害の神経基盤についてたくさんの事実が明らかにされています．それらの知見に基づいて，「自己と他者を認識する」という社会性に関わる障害についても，神経心理学からのアプローチが進められています．

1.1.2 脳の電気活動を測る"神経生理研究"

2つ目の方法は，神経生理研究（neurophysiology）です．一つひとつの神

解説 言葉を受け取る機能と言葉を発する脳

言語の機能には，言葉を聞く，読むといった情報を受信する機能と，言葉を話す，書くといった発信する機能があります．脳では2つの言語中枢がこの2つの機能を分担しています（図）．言葉を受け取る機能の中枢をウェルニッケ（Wernicke）野（感覚性言語野）といいます．側頭葉の上側頭回上方後部に存在しています．一方，言葉を発信する機能の中枢をブローカ（Broca）野（運動性言語野）といいます．前頭葉の下前頭回後方に存在しています．ウェルニッケ野とブローカ野は弓状束という神経線維の束で結ばれています．

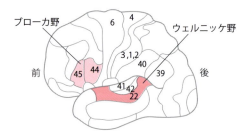

図　ウェルニッケ野とブローカ野
　　図中の数字は，ブロードマンの脳地図の番号を示しています．

言語野は，右利きの人の95％以上が左大脳半球に，左利きの人では約60％が左側に存在しているといわれています．利き手の違いにより，言語野の存在する位置も異なってくるので，ヒトの脳機能を調べる実験では，多くの場合利き手を統一して実験参加者を募ります．

経細胞やその集団が示す生理学的な現象を手がかりに，脳のはたらきを理解しようとする研究分野です．具体的には，電極を使って神経細胞が発する電気活動を直接調べたり，頭皮の上から検出される脳波（electroencephalogram: EEG）を調べたりします．

脳波は，頭皮の上から観察できる電位の変化です．大脳皮質の神経活動によって生じた電位変化は，脳の組織や頭蓋骨を伝わって脳の表面に現れます．それは脳の表面に取り付けた電極から記録することができます．その大きさは数十マイクロボルト（1マイクロボルト（μV）は1Vの100万分の1）にすぎませんが，脳波計で増幅し，横軸に時間，縦軸に電位をとって記録すると波のように見えることから，脳波といわれています．しかし，脳波は，身体を動かしていなくても，生きていて脳が活動するかぎり絶え間なく出現しているものです．

それに対して，ある特定の刺激や事柄に関連して脳が反応したときに検出される一時的な電位変化を事象関連電位（event-related potential: ERP）といいます．事象関連電位は常習的に検出される脳波に比べて小さいものですが，繰り返し同じ刺激を与えてそれに対する脳波を重ねて記録していくと，識別できるようになります．特定の事象に関連して生じた大きな波の振幅を"成分"とよび，プラスの方向に生じた波形を陽性成分（PositiveのPで示します），マイナス方向に生じた波形を陰性成分（NegativeのNで示します）とよびます．

事象関連電位を扱う研究の手はじめに，オッドボール課題という手続きが取られます．"オッドボール"とは変わり者という意味で，この課題では，識別可能な2種類の刺激をランダムに提示して，特定の刺激を選択的に注意するように指示します．たとえば，「これから"ポッ"という低い音に混じって"ピッ"という高い音がときどき提示されるので，"ピッ"が聞こえたら数えてください」と指示します．すると標的刺激となった"ピッ"が聞こえると300ミリ秒（0.3秒）後あたりに陽性の電位（P300）が発生します（図1.2）．このような結果は再現性が高く，ある刺激に対するP300の振幅が大きいということは，その刺激に対してより注意していることを意味しています．

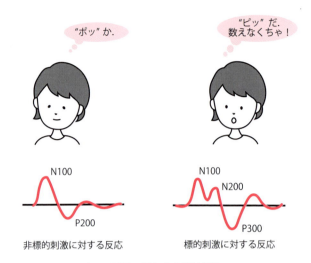

図 1.2　オッドボール課題の例と事象関連電位
極性の表示は，下向きを陽性に表記することも多くみられます．

1.1.3　外側から脳の画像をとらえる"脳機能画像技術"

　近年，脳機能画像技術により，脳を直接傷つけることなく脳の活動を計測するための手法が発達してきました．具体的に用いられる脳画像技術としては，機能的磁気共鳴画像法（functional Magnetic Resonance Imaging: fMRI），ポジトロン断層法（Positron Emission Tomography: PET），脳磁場計測法（Magnetoencephalography: MEG），経頭蓋磁気刺激（Transcranial Magnetic Stimulation: TMS），近赤外線分光法（Near Infra-Red Spectroscopy: NIRS）などがあります．詳細については，本シリーズの『ブレインサイエンス・レクチャー3巻　脳のイメージング』に記載されているのでぜひ参考にしてください．それぞれの技術には長所と短所があるため，研究目的に応じて用いる手法を選ぶ必要があります．このなかで，最近の研究で最も多く用いられており，本書でも多く解説しているのが fMRI です．MRI 装置には強い磁石の力（磁場）がはたらいていて，中に入った人の頭や身体にごく弱い電磁波を当てる仕組みになっています．帰ってきた信号を計算することによって，人を傷つけることなく身体や脳の断面の画像を撮影することが可能

です．fMRIは脳の活動に関連した血流の反応をヘモグロビンの動態を基準にみることによって，活動した脳部位を調べることができる技術です．

通常，脳のある部分が活動すると，それに伴ってその部位の血流が増加し，酸素の供給が増えます．それと同時に，磁性をもっているデオキシヘモグロビンの濃度が減り，MRI信号への歪みの影響が小さくなり，結果的にMRI信号強度が増えます．fMRI研究では，参加者に刺激を提示したり，課題に従事させたりして，脳の活動状態を比較します．

こうした技法に社会的なコミュニケーションに依存した刺激や課題を組み合わせることにより，自己や他者の認識の成立に関わっている脳の活動について探索する研究が広く行われるようになりました．

1.2 大脳皮質の構成

1.2.1 頭頂葉

大脳皮質（cerebral cortex）は5つの大脳葉に分けることができます（図1.3）．前頭葉，側頭葉，頭頂葉，後頭葉，辺縁葉です．

頭頂葉（parietal lobe）は，大脳皮質の中心溝という溝の後ろ，外側溝よりも上部，頭頂後頭溝の前部に位置しています．頭頂葉の最前部である中心後回（postcentral gyrus）には一次体性感覚野（primary somatosensory area: S1）があります（図1.4）．一次体性感覚野は，身体の各部位から感覚

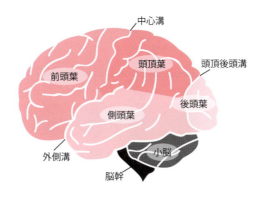

図1.3 ヒトの大脳皮質

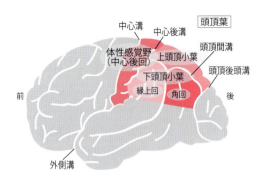

図 1.4　頭頂葉のおもな領域

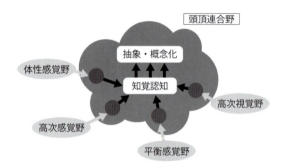

図 1.5　頭頂連合野がさまざまな感覚情報を統合しているイメージ
丹治（2013）を参考に作成.

情報の連絡を受け取る領域です．

　一次体性感覚野の後部には視覚，感覚，言語の情報の統合や，空間，時間の認識に関わる頭頂連合野（parietal association area）があります．一次体性感覚野を除いたその後方の頭頂葉の領域が頭頂連合野といわれています．頭頂連合野には，体性感覚野から入力される体性感覚だけでなく，後頭葉から視覚の情報も豊富に入ってきます．さらに側頭葉からは聴覚情報を含め，複数の感覚種情報が集まってきて統合される領域です（図 1.5）．頭頂連合野は私たちの周囲を取り巻く世界がどのようなものであるかといった情報を集め，それを認知し，さらにそれを抽象化・概念化するという重要な役割をもっているので，本書でもよく登場します．頭頂連合野は中心後溝の中央あたりから後ろへ伸びる頭頂間溝によって上下に分けられ，上方を上頭頂小葉（superior parietal lobule)，下方を下頭頂小葉（inferior parietal lobule）といいます．さらに下頭頂小葉は縁上回（supramarginal gyrus）と角回（angular gyrus）で構成されています．

解説 脳葉，脳溝，脳回

いわゆる"脳のしわ"の溝にあたる部分を脳溝（sulcus）といいます．とくに深いものは裂（fissure）といい，大脳半球を分けている巨大な溝は大脳縦裂（longitudinal fissure of cerebrum）とよばれています．

目立つ脳溝を境界として，大脳を区別した領域を脳葉（cerebral lobe）といいます．前頭葉，側頭葉，頭頂葉，後頭葉の4つが代表的な脳葉です．加えて，辺縁葉とよばれるものがあります．

そして，脳表面にある脳溝と脳溝の間にある膨らみを脳回（gyrus）とよびます．脳のしわがどのようなパターンをつくるかは個体によって差があり，同じ個体でも左半球と右半球で違いがあります．しかし，大きな脳溝はほとんどの個体で共通していることから，脳溝や脳葉，脳回には名前が付けられています．

1.2.2　体性感覚野

皮膚の触感や圧感，関節や筋の動きの感覚は体性感覚とよばれています．脳のなかで触覚などの体性感覚を処理する領域が体性感覚野（somatosensory area）です．頭頂葉に存在する一次体性感覚野は，内側から外側に細長く分布していて，身体の部位によって支配している領域が異なっています．それを体部位局在性（somatotopy）といい，図1.6に代表的なペンフィールド（Penfield）の地図を示しました．とてもインパクトのある図なので，理科や生物の教科書で見かけて覚えている方も多いと思います．この地図では，身体の各部位からの入力が，一次体性感覚野のどの部位に投射されているかを示しています．顔や手などの感覚の敏感なところは，体性感覚野のなかで広い面積を占めているのがわかります．そして，一次体性感覚野で処理された体性感覚の情報は，二次体性感覚野（secondary somatosensory area: S2）や頭頂連合野に入力されます．こうした体部位局在性は，一次運動野，二次体性感覚野，視床，高次運動野でも認められています．

第1章　はじめに

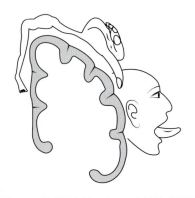

図 1.6　体部局在性のある一次体性感覚野

1.2.3　前頭葉

前頭葉 (frontal cortex, frontal lobe) とは，大脳皮質の前部分に位置し，ヒトの運動，言語，感情を司ります．ヒトの場合，この前頭葉が大脳半球表面積の 1/3 以上を占めています．前頭葉は，司る領域によってさらに分けることができます．最前部には前頭前野が，最後部には一次運動野があり，これらの間に高次運動野が存在しています（図 1.7）．

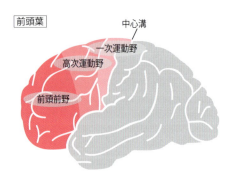

図 1.7　前頭葉のおもな領域

1.2.4 前頭前野

前頭葉の前方に位置する連合野（感覚野，運動野には属さない部位）のことを，前頭前野 (prefrontal cortex: PFC) といいます．また，前頭前野そのものを前頭葉とよぶこともあり，前頭連合野や，前頭前皮質とよばれることもあります．前頭前野には，側頭連合野や頭頂連合野など他の連合野からの入力があり，高次な処理を受けた情報が集まってきます．視床や，帯状回，海馬，扁桃体，視床下部などからも神経投射を受けており，動機づけや覚醒状態に関する入力も存在しています．ヒトの前頭前野は大脳の約 30% を占め，他の生物（イヌやネコは 7%，サルは 10%）と比較的大きく（図 1.8），思考，判断，感情のコントロールや創造性を担うことから，ヒトをヒトたらしめている脳部位であると考えられています．前頭前野に障害が起きると，注意障害，情動失禁，多幸感，易疲労性といった高次な脳機能障害をひき起こします．

前頭前野は，外側部 (lateral prefrontal cortex)，内側部 (medial prefrontal cortex: mPFC)，眼窩部 (orbitofrontal cortex: OFC) に大きく分けられます（図 1.9）．外側部は，自立性，ワーキングメモリ，迅速学習，行動の切替えなどにおいて重要であり，統合的な役割をすることで高度な認知処理を可能にしています．内側部には，前部帯状回 (anterior cingulate cortex: ACC) などが含まれていて，社会行動，葛藤の解決，報酬に基づく選択などの機能に関係しています．眼窩部も情動・動機づけ機能とそれに基づく意思決定において重要な役割を果たしています．眼窩部は，眼窩前頭皮質，前

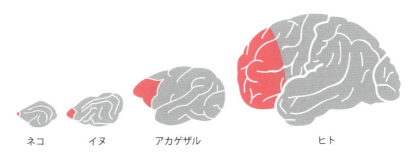

ネコ　　　イヌ　　　アカゲザル　　　　　　ヒト

図 1.8　さまざまな動物の脳
赤い部分が前頭前野を示しています．

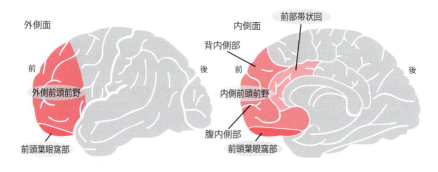

図 1.9　ヒトの前頭前野を構成している領域

頭眼窩野，前頭葉眼窩部など日本語ではいろいろなよばれ方をしています．眼窩部という名称は，この領域が前頭葉のなかでも，眼窩の上にあることから付けられています．

　どれも社会性を担う大切な部位であり，ヒトの高次な脳機能の起源を担うことから，精力的に研究が進められています．

　前頭前野がこのような機能をもっていることが発見されたのは 160 年以上前，日本では江戸時代の末期，幕末の戦乱が起こる少し前のころです．当時，アメリカの鉄道会社に所属していたフィネアス・ゲージ（Phineas Gage）が，爆発事故で頭蓋骨に鉄の棒が貫通し，前頭前野に損傷を負ってしまったことがきっかけです．彼は奇跡的に命をとりとめ，事故から 2 カ月足らずで傷の治癒を主治医から宣言されたものの，性格や行動が変わってしまい，無礼で同僚たちにほとんど敬意を払わず，ときおりどうしようもなく頑固になったかと思うと，移り気で段取りをとることをすぐやめてしまうような人物に変わってしまいました（Harlow, 1868）．事故の前は 25 歳の若さにして工事の現場監督を任されるほど，有能で責任感が強く，誰からも尊敬される人物だったそうですが，事故後，素行の悪さから働いていた鉄道会社から解雇されてしまいました．その後，ゲージはさまざまな職に就きますが，気まぐれで職を辞めたり，解雇されたりを繰り返し，38 歳で死亡するまで二度と定職につくことはありませんでした．それから現代になり，ゲージの頭蓋骨をさまざまな角度から写真に撮って 3 次元構成を行い，失われた脳部位がどこであるのかをコンピュー

ターでシミュレーションしたところ，それが前頭前野の腹内側部と眼窩部を含んでいることがわかったのです（Damasio et al., 1994）．一方，注意力を調節したり，計算を行ったりする能力に関わる前頭前野の外側面については無傷であることがわかりました．こうしてゲージが失ってしまった前頭前野の腹内側部や眼窩部が，将来の計画を立てる能力，これまでに学習した社会のルールに従って行動する能力，そして自己の生存に最も有利な行動を選択する能力に関与していると考えられるようになりました．

1.2.5 高次運動野

前頭葉の一次運動野（primary motor cortex）の前方には高次運動野（higher-order motor cortex）が広がっています．一次運動野以外の運動野が高次運動野ともいえるでしょう．この高次運動野は大きく3つに分けることができ，外側に運動前野が存在していて，より内側に補足運動野と前補足運動野，最も内側には帯状皮質運動野という領域が存在しています．一次運動野の機能は運動の発現と制御が中心となっていますが，どのような運動を選択し，いつ，なにをきっかけとして運動を開始するかについては，高次運動野の情報がないと実行できません（丹治，2013）．というのも，一次運動野の直接の情報源は視床と高次運動野で，知覚情報の統合に関わっている頭頂・後頭・側頭連合野とは直接的なつながりをもっていないからです．外界の様子や，自分自身のニーズ，過去に記憶されたそれらの情報は，高次運動野を経由しないと一次運動野をはたらかせることができないのです．

1.2.6 運動前野

高次運動野の一部である運動前野（premotor cortex）（図1.10）は，3つのはたらきをしているといわれています（丹治，2013）．①運動と動作の誘導，②感覚情報と動作の連合，③動作のプランニングです．①と②については頭頂葉から送り込まれた情報を運動前野が処理し，③については前頭前野から送り込まれてくる抽象的なプランを運動前野が実行可能な動作プランに変換し，それぞれ出力機構である一次運動野へ送り出しています．

運動前野は背側と腹側に区別されます．背側運動前野（dorsal premotor

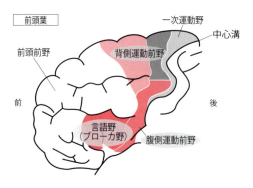

図 1.10 運動前野の所在部位

cortex: dPM）と腹側運動前野（ventral premotor cortex: vPM）は頭頂連合野から情報を受け取ってくるのですが，その役割が微妙に異なる点も覚えておきたいところです．背側運動前野の神経細胞は，視覚刺激により指示された方向へ運動を行う前に予期的に活動を起こします．つまり，目標に向かうための経路を選択するような仕事をしています（目標選択）．一方，腹側運動前野の神経細胞は物をつまんだり握ったりするときに活性化することが知られている部位です（Galles et al., 1996）．物体を把握して，操作するための情報を一次運動野へ提供する仕事をしています（動作誘導）．後に紹介しますが，他者が物をつかんでいる様子を観察したときにも活性化する，ミラーニューロンシステム（第5章参照）が存在する部位でもあります．

1.2.7 上側頭溝

　上側頭溝（superior temporal sulcus: STS）とは，側頭葉にある脳溝のひとつです．上側頭溝の上側を上側頭回，下側を中側頭回，下側頭回に分けることができます（図 1.11）．上側頭溝の周辺の領域には，他者の行為に反応するニューロンがあることが知られています．他者の手の動作や，バイオロジカルモーション（7.11 節参照）といって，身体にマークをつけて暗闇を歩いているヒトの姿を見た際などに反応を示すのがこの上側頭溝です．また，上側頭溝周辺は他者の身体の全体的な動きのみならず，視線や身体の動き，口の動きなど，他者の表情に対しても反応することが多数報告されています（Allison et

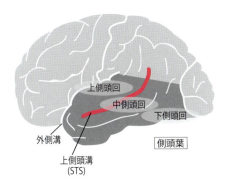

図 1.11　側頭葉のおもな領域

al., 2000).さらに，上側頭溝はヒトの足音を聞かせた場合でも活動することが報告されていて，視覚だけでなく，聴覚に頼ったヒトの運動の情報処理も行っていると考えられています（Bidet-Caulet et al., 2005).上側頭溝にこのような機能をもっていることで，敵の存在を瞬時に感知することができ，進化において有利であったと考えられています.上側頭溝周辺の神経細胞の性質は他者の運動に特化していて，自身の運動に関連した活動はみられません.

1.2.8　側頭頭頂接合部

側頭頭頂接合部（temporo-parietal junction: TPJ）は，頭頂葉と側頭葉が接する部分の領域で，外側溝の後方に位置しています.上側頭溝の後部に位置していて，頭頂葉の下頭頂小葉（縁上回と角回）の下部と，側頭葉の上側頭回が相当している領域です（図 1.12).日本語だとややこしいので，よく TPJ と略してよばれます.

またこの領域は，生物的な動きの知覚や注意の切替えに関わっているほか，自分と他人の区別をするときに活動していることが知られています.側頭頭頂接合部が損傷されたり，電気刺激されたりすることによって，幽体離脱体験や自分の背後に知らない人がいるような感覚がひき起こされると報告されています（Arzy et al., 2006).また，ストーリーの理解などに関与していることから側頭頭頂接合部が"自他の区別"や"心の理論（本章末の Key-Word 参照）"において重要な役割を担っている場所と推測されています.

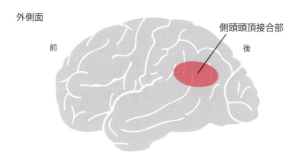

図 1.12　側頭頭頂接合部の位置

Key-Word

多種感覚ニューロン

　異なる受容器に由来する刺激に興奮する神経細胞のことをいいます．頭頂連合野や運動前野などに存在することが知られています．

　頭頂連合野の腹側頭頂間溝領域（ventral intraparietal area: VIP）という領域には，自分の顔など身体の部位に直接触れられたときにも，自分の顔の知覚の空間に視覚刺激を提示されたときにも反応する神経細胞があることが知られています（Colby *et al.*, 1993）．つまり，視覚にも触覚（体性感覚）にも反応を示す神経細胞が存在するということです．このような多種感覚ニューロンは，視覚と体性感覚によって，自己の身体部分やその位置を表現していると考えられています．

　また，ペリパーソナルスペース（自己の身体のごく周辺や自分の手が届く範囲のこと）にある物体と身体との関係を示しているともいわれています．多種感覚ニューロンは，身体に向かって飛んでくるような危険な物体を避けるのにも役立っているという説もあります（Graziano and Cooke, 2006）．

自閉症スペクトラム障害

　自閉症スペクトラム障害（autistic spectrum disorders: ASD）は，社会性やコミュニケーションに困難を抱える発達障害のひとつの分類です．以前は，自閉症，アスペルガー症候群などと別々の障害とされていたものを1つの連続した症状としてまとめたものが自閉症スペクトラム障害です．自閉症の診断基準は，DSM-5（diagnostic and statistical manual of mental disorders, fifth edition）という「精神障害の診断と統計マニュアル」によって行動指標をもとに診断され，下記の2つの特徴で定義されます．

①**社会的コミュニケーションおよび社会的相互作用の障害**：視線が合わない，一人遊びが多い，友人関係がつくれない，他者の表情や気持ちが理解できない，他者への共感が乏しい，言語の発達に遅れがある，会話が続かない，冗談や嫌味が通じない，など．
②**限定した興味と反復行動ならびに感覚異常**：興味の範囲が狭い，特殊な才能をもつことがある，意味のない習慣に執着，環境変化に順応できない，常同的で反復的な言語の使用や奇異な運動，感覚刺激への過敏または鈍麻，限定された感覚への探究心，など．

　自閉症は，生後18カ月で早期徴候が確認できるそうです．1歳半健診のときなどに，言葉が出る前の社会行動に注目し，「大人が指さしするとその方向をみるか」，「興味があるものを見せにもってくるか」，「目が合うか」といった質問に親に答えてもらうことによって診断します．

　自閉症者の発症頻度は，人口1万人あたり37人程度と推計されていますが，近年の調査ではこれよりも高い頻度を報告している研究もあります．また，自閉症者は女性よりも男性のほうが多くみられます（男女比は4：1）．

　自閉症の原因はまだはっきりとしていませんが，双生児の研究や，家系研究などの蓄積により，生物学的な要因による中枢神経系の発達障害であることはわかっています．最近では，自閉症者が他者をどのように理解するか，他者とどのように関わるのかといった，社会性認知や社会行動に関する研究が多く報告されています．本書でも自己と他者の認識に関わるメカニズムを理解するために，自閉症者の研究例をいくつか紹介していきます．

心の理論

　私たちは人との関わりのなかで，こんなときにはこの人はこう思っているだろう，こう言ったらあの人はこう思うだろう，と相手の気持ちに思いを巡らせながら会話をしたり行動をとったりしています．このように他者の内的状態（感情，信念，知識など）について推論し，それに基づいて他者の行動を解釈する心の機能のことを"**心の理論** (Theory of Mind: ToM)"といいます（Wimmer and Perner, 1983）．心の理論のことを"メンタライゼーション（mentalization）"，あるいはたんに"マインドリーディング（mindreading）"とよぶこともあります（Frith and Frith, 2006）．心の理論は，他者との円滑なコミュニケーションを行ううえで重要な機能のひとつであることから，その発達や神経基盤についてたくさんの研究が進められており，本巻でも第7章で詳しく紹介していきます．

　心の理論がはたらくためには，自己と他者を区別して，他者が自分とは違う景色を見ていることに気がついたうえで，対象を他者の視点からみたときにどのように見えるの

かを理解できる能力が必要です．このように，他者の視点に立つことを他者視点取得 (perspective-taking) や視点取得といいます．心の理論の能力は，この"他者視点取得"に基づいていると考えられています．

2 自己の身体を認識する

2.1 自己とは何か

　自己とはいったい何なのでしょうか．自分を自分であると思うこと，それは何を基準に判断されているのでしょう．自分には自分なりの気持ちや思いがありますが，いったい何が自分の考えを作り出しているのでしょう．"自己"や"自分"というテーマは途方もなく漠然としていて哲学的な問題にみえますが，自己を感じる"自己感"は認知神経科学の分野においても非常に注目されているテーマのひとつです．本書ではまず，3つの切り口で，自己認識に関する脳のメカニズムを説明していきます．

・自分の身体を自分の身体であると思うこと（身体的自己）→　第2章
・自分で自分を評価すること（メタ認知）→　第3章
・他者と自己の関係性を知ること（社会的自他関係）→　第4章

　乳児期の子どもでは，意識の中心がおもに身体的自己となっていると考えられています（佐々木ほか，2013）．自己認識の構造のなかで，身体的自己は最も初期的な段階から存在し，生涯にわたって自己の概念を築く重要な側面のひとつだといえます．本章では，まず自己意識の基礎となる身体的自己を中心に説明します．自分の身体を他者や外界から区別するために，脳はどのようなはたらきをしているのでしょうか．運動を出力して，そのフィードバックを感覚入力により受け取るメカニズムを知ることがそのヒントとなりそうです（図

図 2.1　身体的自己のイメージ

2.1)．

　そして，児童期から青年期にかけて，自己に関する概念の中心は，身体的なものだけでなく心理的なものも含まれるようになっていきます．それらについては次に続く章で順に説明していきましょう．

2.2　自分の身体は自分のものだと思う感覚

　私たちは自分の手や足の形を認識し，他人の手や足とは区別することができます．自分の身体の部位を自分のものであると意識する感覚は身体保持感 (sense of self-ownership) ともいいます．身体保持感を認識するためには，自分で動かしていることを知る感覚と，目で見た情報を処理する感覚が重要な役割を担っています．

　身体の各部位の位置関係や自分で動かしていることを知る感覚を自己受容感覚 (proprioception) といいます．自分の身体が今どちらに向いているのか，手足はどこに向かって動いているのか．私たちは目を閉じていても筋，腱，関

節などにある自己受容器から感じることができます．これが自己受容感覚です．自己受容感覚は，固有感覚，固有受容覚，運動感覚ともいわれます．たとえば，ベッドの下にあるものを手探りで探そうとするとき，自分の手がどのあたりに伸びているのか，あとどれくらい伸ばせば物に手が届くのか，私たちは手を直接見ていなくても感じ取ることができます．また背中側で帯を結んだり，エプロンの紐を結んだりするときにも，視覚は使わず手先の感覚だけでそれをこなすことができます．

　自己受容感覚に障害をもつと，自分の身体が"なくなってしまった"かのような感覚に襲われます（Sacks, 1985）．症例としては，左の頭頂連合野の上頭頂小葉（1.2.1項参照）の損傷患者が目を閉じると，自分の右手足が消えていくように感じるという報告がされています（Wolpert et al., 1998）．この患者は目を開けていれば右手足の存在を感じることができ，触覚などの感覚はほぼ正常であることは確認されています．自己受容感覚を失ってしまっても，視覚に依存した自己の認識が機能し自分の身体を認識することができますが，目を閉じて視覚を遮断すると，自己受容感覚に頼った自分の身体イメージの形成ができなくなってしまうと考えられます．つまり，視覚による認知は，自分の外側に広がる空間を知ることや，自分の身体を認識するうえでたいへん重要な役割をもっています．

2.2.1　逆さメガネと自己受容感覚

　今，自分の右手が自分の右側にあること．今，自分の足が机の下に位置していること．自分で自分の身体を動かしている感覚．この自己受容感覚なるものは，普段何気なく生活しているときにわざわざ意識の中心にはくることはなかったでしょう．本書を読むまで，それを意識したことがなかった人もいるかもしれません．そもそも意識には，中心に座っているもの，周辺にあるもの，そして無意識の間を注意や経験によって揺れ動いているものがあると考えられています（下條，1999）．周辺に位置している意識は"気づき"によって，中心にもってくることができます．子どものときに必死になって練習した自転車の乗り方など，今となっては意識の周辺に追いやられていて，ほかの考え事をしながら運転できるようになっているでしょう．運転の途中でふと我に返り，

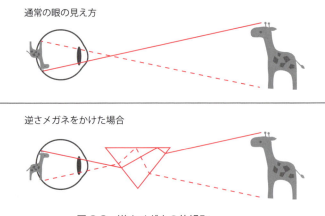

図 2.2　逆さメガネの仕組み
下條（1999）を参考に作成．

きちんと赤信号に気づき動作を止めることもできます．

　自己受容感覚をより意識させられる道具として，逆さメガネというものがあります．逆さメガネには種類が3つあります．視野の上下のみを逆転させる"上下反転メガネ"，視野の左右を逆転させる"左右逆転メガネ"．それに加えて一番混乱しそうなのが，視野を180°回転することで，上下も左右も逆転する"逆転メガネ"です．もともと，私たちの眼は，外界を上下左右ともに逆転して網膜に像を結んでいます（図2.2）．この網膜に届いた情報が視神経を経て脳に伝わってはじめて，上下左右が正立して世界が見えるようになります．そこで，プリズムやレンズからできた逆さメガネをかけることによって，網膜に映る像を逆転させると，世界は逆転して見えるようになります．

　私たちは生まれたときから，正立した世界に慣れ親しんでいるため，わざわざ手の位置や身体の位置などを認識することもなかったはずです．けれど，見えている世界のすべてが逆転してしまったらそれは大変です．自分の右手を左右逆転メガネ越しに見ると，左手の位置に見えるようになります．普段の世界では，身体が左に傾いていたら右に引き戻しますが，逆転メガネのせいでそれが逆になってしまうので，身体がどんどん傾いていき，しまいには床にへたり込んでしまうでしょう．頭や身体を動かして視野を変えるたびに世界全体が揺れ動いて見えて，猛烈な吐き気に襲われることもあるそうです．手を動かすに

は，右手が左にあることを意識して動かさなければならないし，メモを取ろうにも，字が逆さまに見えたりするので一苦労です．自分の身体という，当たり前でとくに意識されることもないものが，逆さメガネをかけることによって世界が逆転し意識の中心に座るようになるのです．

　不思議なことに，逆さメガネを数週間かけ続けていくと，逆さの世界に身体が順応していきます．逆さの世界で見える手足の位置に，手足の位置が感じられるようになっていきます．このことから，自己受容感覚は，かなり視覚に依存していて，外界の世界に合わせて自由に適応できることが予測できます．

2.2.2　ラバーハンド錯覚

　自己受容感覚の障害は神経の傷害などによってひき起こされますが，視覚に頼った身体保持感は誰でも簡単に揺らぐことがわかる有名な実験があります．ラバーハンド実験という心理実験です（Botvinick and Cohen, 1998）．この実験では，まず片方の腕をテーブルの下に置きます．そして，もう片方の腕を少し身体の中央より外側に置き，腕と平行に置いた衝立ての向こうに隠します．そして，衝立てに隠した片腕の代わりにマネキンの腕（ラバーハンド）を置きます．実験の参加者がテーブルを見下ろすとラバーハンドが1本だけ見える状態です（図 2.3）．この状態では，自分の腕の位置は，テーブルの下と

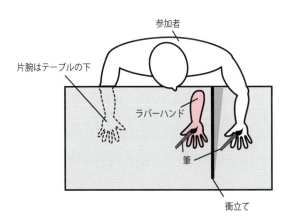

図 2.3　ラバーハンド実験のイメージ

衝立ての陰に隠れているという感覚であるはずです．その状態でほかの人にラバーハンドと，衝立の陰に隠れている自分の手を同時に筆などで撫でてもらいます．数分間ラバーハンドが筆で撫でられている部分を見つめていると，実験参加者は徐々にラバーハンドが自分の腕であるように感じてくるようになります．これはほとんどの実験参加者に起こる現象で，その状態のときにラバーハンドをめがけて実験者がハンマーを振り下ろそうとすると，自分の腕に打撃を受けるような気がして，実験参加者が本物の手のほうを引っ込めてしまうことも観察されます．

この実験では，本物の腕とラバーハンドを撫でるタイミングをずらすとラバーハンド錯覚は起こらなくなります．つまり，自分の身体の一部でなくても，目に見える刺激と触られていて感じる刺激のタイミングがマッチしていると，私たちは目に見えているものを自分の体だと感じてしまいます．このことから，自分の身体が自分のものであるという身体保持覚は，触覚や自己受容感覚を中心とした"体性感覚"と"視覚"のフィードバックによるタイミングの整合性が基盤になっていると推測されています．

2.2.3 自分の身体を知覚する運動前野

ラバーハンド錯覚が起こるとき，脳では何が起こっているのでしょうか．ラバーハンド錯覚を経験しているときの脳活動を測定した研究があります(Ehrsson *et al.*, 2004)．実験の参加者に fMRI 装置の中でラバーハンドに刺激が与えられているのを直接見せます．この実験でも，やはりラバーハンドが自分の腕と同じ向きに置かれていて，自分の腕と同じタイミングで刺激を与えられているところを見ると，ラバーハンド錯覚が起こります．このときの脳活動を見てみると，前頭葉にある運動前野 (1.2.6 項参照) の活動の強さが，ラバーハンド錯覚の強さと相関していることがわかりました．つまり，ラバーハンド錯覚が強いほど，運動前野での活動が高くなります．

運動前野は高次運動野の一部で，手を伸ばして物をつかむ動作や，食べ物を口に入れる動作など，視覚情報を中心とした感覚情報に基づく動作を構築する役割を果たしています．視覚や触覚などから得られた情報が集まる頭頂葉からの連絡を受ける場所でもあり，身体に対する視覚的刺激（触られているのを見

ること）と触覚的刺激（触られているのを感じること）の両方に対応する神経細胞が存在する場所です．運動前野には，身体の部位に対する視覚情報と触覚情報の両方に反応する多種感覚ニューロン（第 1 章末の Key-Word 参照）が存在することがサルを用いた研究により報告されています（Graziano *et al.*, 1994）．多種感覚ニューロンは手の位置にかかわらず，つねに手への触覚刺激と手の近傍の視覚刺激に対して反応すると考えられているものです．

ラバーハンド錯覚と運動前野の活動についての研究結果を発表した Ehrsson は，ラバーハンド錯覚が起こっているとき，運動前野の多種感覚ニューロンの受容野が自分の手からラバーハンドにシフトしたために，ラバーハンドを触っている筆の視覚情報に対して活動を示したのではないかと推測しています（Ehrsson *et al.*, 2004）．つまり，自分の身体を自分のものであると感じるためには，触覚から得られた感覚と，視覚によって得られた感覚とのマッチングが重要なのでしょう．

2.2.4 自分の身体を知覚する頭頂連合野

ラバーハンド錯覚はサル（カニクイザル（*Macaca fascicularis*））でも起こっているのかを調べた研究もあります．ヒトの場合，錯覚を感じたかどうかは口頭やアンケートで答えてもらえますが，動物には答えることができないので，ニューロンの活動を観察します（Graziano *et al.*, 2000）．この研究では，サルの目の前にゴムで作ったサルのラバーハンドを置き，実際のサルの腕は板の下に置きます．このとき，サルの実際の手とラバーハンドを重なる位置に置いたり，離れた位置に置いたりしながら，頭頂連合野のブロードマン 5 野の神経細胞の活動を観察しました．頭頂連合野の 5 野は上頭頂小葉に存在していて，視覚と体性感覚の統合との関わりが大きく，体性感覚連合野ともいわれている部位です．この実験では，筆で実際の腕とラバーハンドを同時に刺激したときに，重なる位置にあるときのほうが，異なる位置にあるときに比べてこの上頭頂小葉の 5 野において強い反応を示しました．さらに筆による視覚刺激と体性感覚の時間がずれている場合には，このような反応が見られませんでした．つまり，実際の手への体性感覚とラバーハンドへの視覚刺激のタイミングが一致することにより，上頭頂小葉における 5 野のニューロンの反応が大き

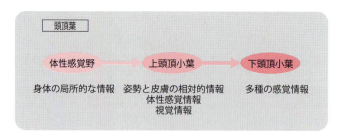

図 2.4　頭頂葉における感覚情報処理のステップ
丹治（2013）を参考に作成．

く変化します．

　先に説明したように，ヒトにおいても頭頂葉が損傷している患者では，自己身体認識に異常がみられることがわかっています．頭頂葉はさまざまな感覚情報を集約・統合して知覚情報にし，さらにそれを抽象化・概念化するはたらきがあります（1.2.1 項参照）．頭頂葉の仕事をまとめてみると，図 2.4 のようになります（丹治，2013）．皮膚に触れられたという身体の局所的な感覚は，一次体性感覚野で処理されたのち，頭頂連合野の上頭頂小葉へと情報が送られます．上頭頂小葉では，どのような形状でどのような性質の物体が身体のどこに触っているかという情報だけでなく，手足の位置や動き，胴体の位置などの情報が加わり，身体の姿勢とそこに接触する物体の関係がまとめられます．さらに視覚情報が加わると，身体と外界の相互関係が把握できるようになります．そして，情報は下頭頂小葉へと送られることで，総合的な認知情報となります．このことから，ラバーハンド錯覚や身体保持感においては，頭頂葉も重要な役割を果たしていることが考えられています．

2.2.5　自分の身体を知覚する要素

　触覚刺激と視覚刺激のタイミングが一致しているとラバーバンド錯覚のような現象が起こり，外界のものも自身の身体の一部と思えるようです．明治大学の嶋田総太郎らのグループは，ヒトを用いた実験でこの頭頂葉が体性感覚と視覚のタイミングの整合性に関与していることを示しています（Shimada et al., 2005）．電動で回転する台の上に実験参加者の手をのせてもらい，参加者

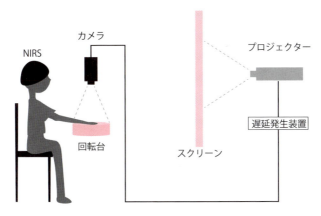

図 2.5　体性感覚と視覚映像の一致を判断させる実験
嶋田（2009）を参考に作成.

　の手を回転台の力で自動的に動かします（図 2.5）．その手の動きの映像を撮影し，遅延発生装置を用いて，実際の手や回転台の動きとは遅延している映像を参加者に見せました．さまざまなタイミングの遅延を入れてみると，参加者は約 200 ミリ秒以上の遅延を探知できることがわかりました．つまり，このズレが 200 ミリ秒以内であれば体性感覚と視覚の情報が一致していると感じるようです．近赤外線光装置（NIRS）を用いて，このときの頭頂葉の活動を観察したところ，見ている手の映像の遅延が大きいと右下頭頂小葉が強く活動し，遅延が小さい場合には左右の上頭頂小葉が活動することがわかりました．

　体性感覚と視覚情報がマッチしている場合に，上頭頂小葉が活動していたということは，この部位が身体保持感と関連していると考えられます．一方，体性感覚からの遅延が大きい場合には右下頭頂小葉の活動が大きくなるという結果は，自己運動に対する視覚映像の空間的なズレを大きくした研究でも報告されています（Farrer et al., 2003）．このことから，右下頭頂小葉は，体性感覚と視覚の整合性の検証を行っているところではないかと考えられています．

　上頭頂小葉は，皮膚感覚と関節を統合している神経細胞があることも知られています（Sakata el al., 1973）．たとえば，実験者がサルの右の肘や肩の関節を曲げるように動かすと反応する神経細胞は，左の上腕の皮膚の触覚にも反応します．その神経細胞は右手で左腕をさするように動かすとより強く反応し

ました．つまり，右手で左腕をさする動作をモニターする神経細胞が上頭頂小葉に存在すると考えられています．このように体性感覚の情報は外の環境を触って認識するだけでなく，身体の状態の変化の認識にも関わっていることがわかります．

一方，下頭頂小葉に障害が起こると，自分が行っているのに自分の運動として認識しない病状があることも報告されています．Sirigu らの実験では，参加者が自分の手を直接見えないようにし，その手の運動をビデオカメラで撮影しながら，参加者にモニターで見せました（Sirigu et al., 1999）．そして，時々モニターの映像を本人のものから他人のものに切り替えました．健常者では，微妙な手の動きの違いから，その手が自分の手の映像か他人の手の映像かを判断できます．しかし，下頭頂小葉を構成している縁上回や角回に障害がある患者ではそれが判断できません．このことから，下頭頂小葉は空間情報を使いながら運動を制御していることが考えられています．

2.3 自分の動きを知覚する脳

最も基本的な自己感として，先に説明した"身体保持感"に加えて，運動主体感（sense of self-agency）という感覚も挙げられます（Gallagher, 2000）．運動主体感は「この身体の運動を引き起こしたのはまさに自分である」という感覚です．基本的には自分の身体運動に対して感じますが，拡張してパソコンのマウスなど，道具を使用しているときにも感じる感覚ともいわれています（図 2.6）．

2.3.1 2つの視覚系経路

運動を実行するときには，さまざまな感覚情報を入力したうえで運動を計画し，最終的に筋肉に運動を指令して収縮を発生させます．たとえば，コップをつかむには，まず目で見て位置情報やコップの形の情報を得ます．その情報から身体を中心にした座標へ変換し，さらに軌道を計画してそれを運動指令として変換していきます（川人，1994）．そのとき脳内では何が起こっているのでしょうか．目で見て視覚情報としてとらえられたコップの位置や形の情報は，

2.3 自分の動きを知覚する脳

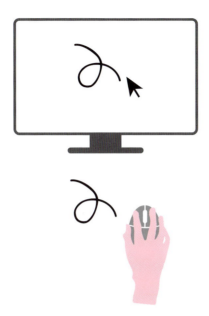

図 2.6　マウス操作によって得られる運動主体感のイメージ

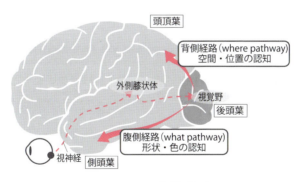

図 2.7　2 つの視覚系経路

まず視神経を通じて一次視覚野で初期の処理を受けたのち，高次視覚野へ送られ，そこから 2 つの経路に分かれて処理されます (Ungerleider and Mishkin, 1982)（図 2.7）．ひとつは側頭葉へ至る腹側経路 (ventral stream, ventral pathway) で，物体の形状や色などの情報を処理します．最終的には物体のもつ意味を処理することから "what pathway" ともよばれ

ています．もうひとつは "where pathway" とよばれる背側経路 (dorsal stream, dorsal pathway) で，視覚野から頭頂葉の頭頂連合野へ至り，空間情報や位置情報を処理しています．背側経路は運動前野と強い解剖学的結合があり，空間情報を使いながら，手や指や腕，目の運動の制御に関わります．どのように運動するかを処理するという意味で，"how pathway" ともよばれています．これらの経路が損傷すると運動に障害が起こることが知られていて，たとえば，what pathway とされている腹側経路が障害されると，細いスリット状の穴の傾きに手の傾きを合わせて差し入れることは可能なのに，スリットの傾きと手に持っている円盤型の物体の傾きを合わせて差し入れることができなくなることが報告されています (Goodale et al., 1994)．つまり，腹側経路に障害があると，手をスリットの傾きに到達させる運動は問題なく実行できますが，物体の形に合わせて手の形をつくることに問題が起こってしまいます．

2.3.2 頭頂連合野の構成とその出力経路

背側経路，腹側経路に至った視覚の情報はそれぞれ運動前野において処理され，運動を計画するために必要な情報に変換されます．運動前野では運動の信号が生成され，そこでは筋肉の収縮を直接表現するわけではなく，身体のどの部位をどのように動かすかといったような運動のプランとなる信号を出します．

視覚系の背側経路から情報を受け取った頭頂連合野は，次にどのように前頭葉の運動前野に情報を送るのでしょうか．頭頂連合野の詳細な構成は，サルの脳で詳しく調べられています．図 2.8 に，サルの頭頂葉の頭頂間溝の内側 (intraparietal: IP) を見やすく広げて，頭頂葉に存在する領域とその出力部位を簡単に示しました．頭頂間溝の中は，前方の AIP 野 (anterior intraparietal area)，腹側の VIP 野 (ventral intraparietal area)，外側の LIP 野 (lateral intraparietal area)，尾側の CIP 野 (caudal intraparietal area)，内側の MIP 野 (medial intraparietal area) と PEa 野，頭頂後頭部 (parieto occipital area) の腹側部の V6A 野と背側部の V6 に分けられています．

頭頂間溝の各領域は，それぞれ前頭葉の運動前野の限局した部位へ投射します．運動前野には背側運動前野と腹側運動前野が存在しています (1.2.6 項参

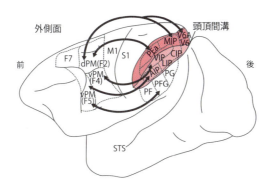

図 2.8 サルにおける頭頂連合と運動前野の結合
村田（2009）を参考に作成．

照）．これらの頭頂連合野と運動前野を結ぶ経路は役割分担があり，処理する情報も異なっています．5野（上頭頂小葉）に属するPEa，MIP，V6Aは，背側運動前野（dPM）と解剖学的な結合があります（Rizzolatti and Matelli, 2003）．一方，7野（下頭頂小葉）に属するAIP野や下頭頂葉の外側面に存在するPFG野は，腹側運動前野（vPM）のF5とよばれる領域と結合があります．AIP野と腹側運動前野のF5では，手を握って物を持つことや，指先を細やかに動かすことに関わるニューロンがあることが知られています（Rizzolatti and Matelli, 2003; Sakata *et al.*, 1997; Taira *et al.*, 1990）．腹側運動前野のF5の一部の領域にも下頭頂小葉のAIP野と結合があり，手指で操作する物体の3次元的な特徴を視覚的にコードする神経細胞があることもわかっています（Murata *et al.*, 2000）．このことから，下頭頂小葉のAIP野に表現された物体の情報をもとに，腹側運動前野のF5において動作の誘導が選択され，それが運動のプログラムとなって出力されると考えられています．

　簡略化した図となりますが，ヒトが動作の誘導や選択を行うときに中心的な役割を担う脳の経路を示しました（図2.9）．頭頂連合野の上頭頂小葉と下頭頂小葉はそれぞれ，背側運動前野と腹側運動前野に対して情報をやりとりしていることが推測されます．そして背側運動前野は目標に向かうための経路を選択するための情報を，腹側運動前野は動作を誘導するための情報を提供するという役割分担があります．それぞれの情報が運動前野に送られて動作をプラン

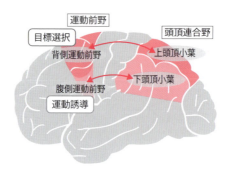

図 2.9　頭頂連合野における認知から動作の選択・誘導への流れ

ニングするためには，頭頂連合野での情報処理がキーポイントとなっていることがみて取れます（丹治，2013）.

2.3.3　自分の動きを実行する脳部位

高次運動野で出された信号は大脳皮質の出口である一次運動野に送られます．一次運動野は，中心溝の前方にある中心前回に位置する領域です（1.2.3項参照）．一次運動野の神経細胞の軸索は小脳や大脳基底核による修飾を受けて，皮質脊髄路（錐体路）を通って脊髄の前角の運動ニューロンと結合しています（図 2.10）．そして，脊髄の運動ニューロンの軸索が筋肉へ指令を送ります．

一次運動野も，体性感覚野（1.2.2 項参照）のように体部位局在性が認められていて，身体の部位によって支配している領域が異なっています．大脳縦裂の中の内側面には，足を支配する領域があります．そこから，殿部，体幹部を支配する領域が頭頂部から外側へ広がっています．さらに下方には，上腕，手指，顔，口，舌を支配する領域がかなり広大な範囲で広がっています．とくに手指と口の領域が広いのは，ヒトにとって道具の使用や音声言語を話すことが重要な運動であることを示しています．

2.3.4　自分の動きを予測してモニターする

運動をよりスムーズに制御するためには，運動の信号を筋肉に与え続けるだけでなく，信号によってどのような運動が行われているかを予測してモニター

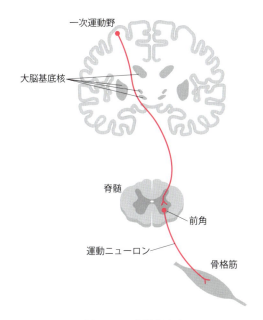

図 2.10　皮質脊髄路

する必要があります．

　自分の運動を予測するために，脳は運動を実行するときに作成される運動指令信号のコピーを取っていると考えられています．それを遠心性コピー（von Holst, 1954）や随伴反射（Sperry, 1950）とよびます．遠心性コピーといわれるとイメージが湧きにくいかもしれませんが，実際に意識として上がる例として，幻肢のような現象が挙げられます．幻肢とは，事故などで手や足を失っているにもかかわらず，それを動かしている感覚があるという現象です．手足を失っても，もともとの手足を動かそうとするシステムが脳の中に残っているため，なくなった手足を動かそうとすると脳の中で運動指令が出力されます．実際の手足は失われて動かないため，視覚による手の運動や感覚の受容器からの信号は脳へ戻ってきませんが，遠心性コピーが脳の中で立ち上がり，運動の感覚として意識されることがあります（Ramachandran and Blakeslee, 1999）．

　実行中の運動は，視覚や体性感覚によるフィードバックによってモニターさ

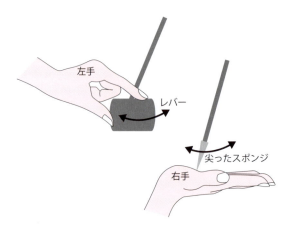

図2.11　左手の動きに連動して右手がくすぐられる，自己くすぐりマシーン
Blakemore *et al.*, (1999) を参考に作成.

れます．目で見て，身体で触れて，その運動が指令のとおりに動いているのかをモニターすることを感覚フィードバックといいます．実は，自分の身体をくすぐってもまったくくすぐったくなく，他人にくすぐられるとくすぐったさを感じるのは，遠心性コピーと感覚フィードバックのタイミングの違いによるものだと考えられています．くすぐりを遅延させて自分をくすぐる機械を使った研究があります（Blakemore *et al.*, 1999）．その実験では，左手でレバーを動かすと右の手のひらがくすぐられる装置を使っていて，その装置は左手の動きと一致して右手をくすぐることも，数百ミリ秒の遅れを入れてからくすぐることもできます（図2.11）．すると，くすぐったさの程度は，左手の動きと一致してくすぐったときよりも，遅れがあるほど強くなりました．つまり，ヒトは自分のくすぐり運動により生成される遠心性コピーが，感覚フィードバックとずれているとくすぐったさを感じるようです．一方，遠心性コピーと感覚フィードバックが一致していると，それが自ら行った運動であると判断され，くすぐったさを感じられません．このことから，脳には遠心性コピーを使って予測された感覚フィードバックが，実際の感覚フィードバックと一致しているかを比較するメカニズムがあって，それによって実際の感覚フィードバックが抑制されるというモデルが考えられています（図2.12）．

2.3 自分の動きを知覚する脳

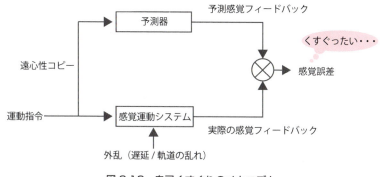

図 2.12 自己くすぐりのメカニズム
村田（2009）を参考に作成.

2.3.5 道具もタイミングが一致すれば自分の一部

　遠心性コピーと感覚フィードバックのタイミングが一致していることで運動主体感を感じることがわかりました．一方で，運動主体感は運動を起こしている身体の部位と目で見える動きの間に距離があり，空間的なズレがあっても問題なく感じることができます．それは実験をしなくても，私たちが道具を使っているときに実感できます．たとえば，パソコンのカーソルを動かすとき，それを自分の意思でまるで自分の指先のように動かすことができます（図 2.6 参照）．実際の手の位置とパソコン上のカーソルの位置は距離があり，空間的にはズレがあります．しかし，カーソルの動くタイミングが自分の手の動きと一致していれば，それを自分で動かしていると感じることができます．また，テニスラケット，野球のバット，虫取り網などを手に持つと，その長い物が届く範囲まで注意が及ぶ感覚をもつでしょう．

　実験的には，自分の手の動きをカメラで撮影し，向きを変えてモニターに提示したものを見たときにも，動きのタイミングが同じであれば，きちんと自分の手であると判断できることが報告されています（Van Den Bos and Jeannerod, 2002）．

　このような道具に対する運動主体感はヒトだけでなくサルでも起こることがわかっています．ニホンザル（*Macaca fuscata*）に熊手のような道具を持た

図 2.13 サルの道具使用変化に伴う視覚受容野の変化
Maravita and Iriki（2004）を参考に作成.

せて，手の届かない範囲に置かれた餌を取らせる訓練を行い，道具に対する神経細胞の活動を調べた研究があります（Iriki *et al.*, 1996）．この研究では，頭頂連合野の頭頂間溝領域（2.3.2 項参照）に着目し，道具使用中にこの領域の神経細胞が，体性感覚野から後方に向かって進んできた触覚情報と，視覚背側経路（2.3.1 項参照）を前方に向かって進んできた視覚的な空間情報の両方に反応することを調べました．そして，道具使用の訓練を行うと腹側頭頂間溝領域（VIP 野）で，ニューロンの活動に変化が起こることがわかりました．この領域のニューロンは，はじめは手の周りに視覚刺激を近づけたときだけ反応していましたが，熊手をしばらく使わせていると視覚刺激に対する反応が熊手の先まで伸びるようになっていきます（図 2.13）．また，サルが熊手を使用せず，ただ受動的に持たされているだけの場合，このような視覚情報の受容の拡張は起こりませんでした．更なる研究によると，サルが熊手の使用を習得できるようになると，頭頂間溝領域などの信号強度が訓練前よりも増大することが報告されています（Quallo *et al.*, 2009）．

　道具を持つと到達できる範囲が拡大する．このような感覚は，頭頂連合野が外部の空間状態と調和しながら道具を身体の一部として認識し，身体イメージを更新するはたらきをもつために感じられるようです．

2.3.6　自分の行動を決定する脳部位

　高次運動野には，運動前野だけでなく，自己の運動をコントロールするためにほかにも活躍している領域があります．帯状皮質運動野（cingulate motor

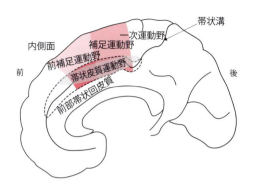

図 2.14 帯状皮質運動野の位置
点線部は帯状溝に沿って中を開いてみた部分を示しています．

area: CMA）は，大脳皮質の深く埋もれたところに存在していて，表面からは見ることはできません．大脳を内側から見て，前補足運動野や補足運動野のすぐ下にある帯状溝の上壁から下壁にまたがったところにあります（図 2.14）．帯状皮質運動野は前部と後部に分かれていて，機能も異なっています．前部帯状皮質運動野はブロードマンの 24 野にあたり，後部帯状皮質運動野は 23 野に相当しています．

このような脳の奥深いところにある領域ですが，なぜか運動野として位置づけられているのです．なぜかというと，帯状皮質運動野は，一次運動野やその他の高次運動野に出力を送っているだけでなく，脊髄に直接出力し，さらに運動を起こすときに細胞が明らかに活動することがわかったためです．また，帯状皮質運動野はさまざまな領域から入力を受ける部位でもあります．すぐ下にある帯状回だけでなく，前頭前野の外側部や眼窩部，側頭連合野の前部，頭頂連合野の下部などの大脳皮質のみならず，扁桃体や海馬などの大脳辺縁系からも豊富な入力を受け取っています．これらの知見をもとにすると，大脳辺縁系の情報によって，情動や内的欲求や身体の状態を取り入れ，側頭・頭頂連合野からは周囲の状況に関する情報を受け入れ，さらに前頭前野の情報も参照しながら，個体が必要とする運動の情報をその他の運動野へ送り込むようなはたらきが帯状皮質運動野にはあると推測されています（丹治，1999）．

帯状皮質運動野の機能としては，指示に従って言われるままに行動を選択す

るときよりも，自分の決定により行動を選択するような場面ではたらいていると考えられています．サルの神経活動を記録した研究によると，前部帯状皮質運動野は，報酬が減少してきたという情報を受容し，それに基づいて実行していた行動（たとえばハンドルを回す）を別の行動（ハンドルを押す）に切り替えるときなどに，活動が高まることが報告されています（Shima and Tanji, 1998）．前部帯状皮質運動野は，報酬が一定の量もらえる場合にはまったく活動を示さなかったのに対し，報酬が減少してきて，別の動作に切り替えようとしているまさにそのときに活動を示します．さらに，音によって切替りのタイミングを指示した場合には，その神経細胞が反応しないことから，帯状皮質運動野は最適な行動を自分で選択するために必要な部位であるとされています．

> **解説** 大脳辺縁系（limbic system）
> 　大脳皮質の内側にあり，脳梁の周囲にある部位を大脳辺縁系といいます．広義には，それらといっしょに機能する視床下部を含めることもあります．
> 　とりわけ重要な役割を担っているのが扁桃体（amygdala，扁桃核ともいいます）と海馬（hippocampus）です．海馬は記憶の形成や保持に大きな役割を果たしています．海馬の先端には扁桃体があり，逃避行動，攻撃行動などの情動の発現に関与しています．
> 　大脳辺縁系は原始的な脳で，情動のほか，食欲や性欲などの本能的な行動や，嗅覚や記憶などを担当しています．動物としての原初的な行動の源といえるでしょう．大脳皮質が高次の情報処理を担っているため"新皮質"とよばれているのに対し，大脳辺縁系は"原皮質"ともよばれます．

2.4　顔を認知する

　ヒトの身体のなかで，目に見えて他者と違うところといえば"顔"でしょう．顔は他者を識別するうえで重要な要素となります．また，顔は，物を見る，食べる，呼吸をするといったさまざまな機能を備えているとともに，視線や口などの動きが多彩なため，他の個体とコミュニケーションをとるためにも欠かせない部分です．顔にはじつに20以上の筋が存在しています．通常の筋肉は骨

と骨をつなぎ，関節を動かす役割をもっているのに対して，顔面筋は皮膚どうしをつないでいるものがあり皮膚自体を動かすこともできるため，微細な表情を示すことが可能です．

赤ちゃんは顔を見るのが大好きで，生まれたばかりの赤ちゃんでも，目や口などのパーツをもった人の顔のようなものに好んで注視する能力が備わっています (Morton and Johnson, 1991)．そして，見ているものが"顔である"と認識する能力から始まり，「自分を守ってくれる味方か，敵かを見分ける」といった個体の識別が可能となります．さらに，相手の表情をまねすることで自分の表情を作り出す能力を身につけ，やがて"表情を読み取る"能力を身に付けていきます．

2.4.1 自分の顔に口紅がついていたら

みなさんは，鏡を見たときにそこに映っている顔が，他人の顔ではなくて自分の顔であるということを当然のように感じることができるでしょう．街を歩いていて，思いがけず鏡に映る自分を見るとつい自分を意識してしまいます．よくよく鏡を見てみれば，自分の顔にニキビが1つ増えていることや，寝癖がついていること，お昼に食べた焼きそばの青のりが歯についていることなどに気がつき，身だしなみを整えるはずです．当たり前のように感じるこの鏡を介した自分の顔の認知は，実は子どもやヒト以外の多くの動物にとって難しい能力だといわれています．鏡像認知 (mirror self-recognition) とよばれる鏡に映った像を自分の姿だと認識する能力をもっているかどうかを調べる方法に，"ルージュテスト"または"マークテスト"という実験があります．ルージュテストでは，子どもが寝ているすきに気づかれないようにそっと額や髪の毛に小さなシールを貼ったり，ペンキでマークをつけたりします．もしくは，ゲームが上手にできたことをほめ，頭を撫でるふりをしながらシールを貼り付けます．子どもが鏡を見るまでこのマークの存在に気がついていないことを確認してから，子どもの前に鏡を置いて，自分の顔を鏡越しに見えるようにします．そのとき，鏡に映った自分の顔を自分の顔だと認識できていれば「顔に何かついている」と子どもは気づくことができるはずです．そして，鏡を使ってそのマークを取ろうとします．しかし，鏡に映っている自分の顔が自分だと感じな

ければ，マークを見てもそれを取ろうとはしません．ヒトの場合，2 歳前後まで成長しないとこのテストはパスできないと報告されています（Amsterdam, 1972）．この報告によると，6〜12 カ月児の 85% は鏡を見せられると，鏡の自己像に向かって笑いかけたり，ほおずりをしたりして，鏡に映った自分が他者であるかのように振る舞います．およそ 12〜24 カ月児では，鏡の後ろに回り込むなど，鏡の性質を確かめようとする行動を示すようになります．そして，24 カ月以降になると，自分では直接見ることができない身体の部位に対して，鏡を介して見ようとする行動を示すようになります．このころになると自分の顔についているマークに触れるようになってきます．子どもの成長を感じることができるテストですので，もし身近に赤ちゃんと触れ合う機会があったら試してみましょう．

2.4.2 鏡の世界が過去だったら

　鏡に映った自分が自分であると理解する手がかりは顔だけでなく，像の動きが自分の意思で動かした身体の動きと同期していることが確認できることも手がかりのひとつに挙げられます．鏡に限らず，家電量販店や駅などで人々を映し出しているライブモニターなどをみかけると，つい手を振るなどして自分が映っていることを確認してしまうこともあるでしょう．モニターの中で自分と同じ動きをしている人物が見当たればそこに自分がいると感じますし，その人物が見当たらなければ,「恥ずかしいことしちゃったな」と振り上げた手を引っ込めたくなってしまいます．では，鏡や自分を映し出しているモニターがどれくらい同期していれば自分であると認識できるのでしょうか．東京大学の開一夫らのグループでは，鏡のようにリアルタイムで動くライブビデオと，動きが数秒間遅延するビデオが映し出されるモニターを用いて子どもたちにおける鏡像認知の効果を調べました（Miyazaki and Hiraki, 2006）．3 歳児の場合，映像に遅延がない条件では，84% が先ほど説明したマークテストをパスすることができました．しかし，映像に 2 秒間の遅延を入れてみると，参加した 3 歳児のうち 38% しかマークを取りませんでした．4 歳児では，どちらの条件でも 80% 以上がマークを取ることができます．

　3 歳児では，普通の鏡を用いたマークテストを達成できるというのに，数秒

の遅延があるとそれができなくなってしまうとは，いったいどういうことなのでしょうか．開らの観察では，ある3歳の男児は遅延した映像を見せた直後，「あ，○○（自分の名前）だ」と映像に映っているのが自分であることに気がついたような発言をしたと報告しています（宮崎・開，2009）．しかし，途中から表情が険しくなり，顔をゆがめたり手を上げたりして，映像が自分の動きに伴っているかを確認しようとする行動を示します．そして，映像が遅延していることに気がつくと，「あれ，お友達かな」と自己像認知に動揺を示す発言をしたといいます．つまり，自己像との時間的なズレが自己認識に影響していて，4歳を過ぎてはじめて過去の自分・現在の自分についての出来事を時間軸に沿って区別できるようになります．

　自己の動きの認識もタイミングの一致が必要であることを説明したとおり，私たちは自分でも気が付かないうちに自己像が自分の思いどおりになる存在だということを確認してから，自分の身体や顔を自分だと判断しているようです．

2.4.3 動物は自分の顔を認知できる？

　ヒトでは成長に伴ってこの鏡を介した自己認知能力が備わってきますが，ヒト以外の動物でこのルージュテストをパスできる動物はあまりいません．実は身近な動物であるイヌでさえ，ルージュテストがパスできたという報告はまだないくらいです．1970年に，Galloらが'*Science*'誌にチンパンジー（*Pan troglodytes*）の鏡像認知を発表しています．チンパンジーの場合，鏡を見せた当初は，鏡に映った自分に対して威嚇をするような行動をとり，他者であるように振る舞いますが，数日経つと，鏡を使って歯の隙間に挟まった食べ物を除去するなど，自分の身だしなみを整えるような行動が見られるようになります（Gallup, 1970）．そのようなチンパンジーに麻酔をかけ，眠っている間に赤いマークを額につけ，覚醒めてから鏡を見せます．すると，鏡を見せる前にはマークをつけた部分にほとんど触れないのに対して，鏡を見せるとその部分を頻繁に触れることが観察されるということが報告されています．チンパンジーのほかにルージュテストができたと報告されている動物はイルカやアジアゾウなどです（Plotnik *et al.*, 2006; Reiss and Marino, 2001）．これらの動物の共通点は，脳が体重に比べて大きいことです．その事実から，脳に自己

を認知するシステムが宿るためには，高度に発達した脳が必要であるという仮説が推測されてきました．もしペットを飼っていたら，寝ているあいだにこっそりマークをつけて，ルージュテストができるか試してみましょう．みなさんのペットで動物の自己認知に関する大発見ができるかもしれません．

2.4.4 顔認知に関わる脳部位

脳には顔の認識を専門に扱う脳部位や神経細胞があります．サルでは，顔に対して反応する細胞が側頭葉で発見されています（Gross *et al.*, 1972）．この顔細胞（顔ニューロン）は正確には側頭葉の上側頭溝（STS）に位置していて，顔の表情の違いにかかわらず特定の個体の顔に反応する細胞と，個体の違いにかかわらず顔の表情に対して選択的に反応する細胞があることも明らかにされています（Perrett *et al.*, 1984）．

ヒトの場合，側頭葉の紡錘状回（fusiform gyrus）や，後頭葉にある舌状回（lingual gyrus）などが顔の認識に関わっています．紡錘状回は側頭葉の底部にあり，自己・他者を問わず顔を見たときに活動を示すことがよく知られています（図 2.15）．視覚情報のなかから顔の情報の検出を行う特徴をもつことから，紡錘状回は顔領域（fusiform face area: FAA）ともよばれています．何らかの視覚刺激が提示された場合，まず反応が観察されるのが後頭葉の一次視覚野です．脳磁図（MEG）を用いた実験により，一次視覚野は視覚刺激を提示したのち，100〜120 ミリ秒後に活動がみられます．そして提示された視覚刺激が顔や目の場合には，150〜170 ミリ秒後にこの紡錘状回が活動する

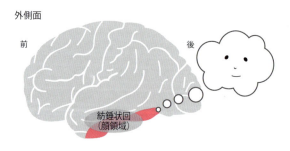

図 2.15　顔認知に関わる紡錘状回の位置

ことが確かめられています（Watanabe et al., 1999）．この部位の反応は，目を開いたヒトの顔画像，目を閉じたヒトの顔画像との間では違いがありませんでしたが，目のみの画像に対する反応時間は遅くなることがわかっています．

顔の認識に関わる領域に損傷を受けると，人の顔がわからなくなってしまう相貌失認という病状になります．相貌失認は損傷した部位や程度によってさまざまなレベルに分かれます．たとえば，人の顔の見分けはつけられても，表情を読み取ることができない患者さんがいれば，重度になると家族や友人の顔もわからなくなってしまう患者さんもいます．また，自分の顔を鏡で見ても慣れ親しんだ印象が伴わないなど，顔認知において障害をもたない立場にとってはとても想像がつかない状態になることもあります．

2.4.5 自分の顔を認知する脳部位

では，自分の顔と他者の顔を認識するとき，脳のどの領域がとくに活動するのでしょうか．身近な友人の顔を見ているときや，有名人の顔を見ているとき，見知らぬ他者の顔を見ているときと比べて，実験参加者が自分自身の顔を見ているときの脳活動に違いがあるのかを fMRI などの脳イメージング法で調べた研究が多々あります（Platek et al., 2004; Sugiura et al., 2005; Uddin et al., 2005）．それらの研究によると，他者の顔写真を見ているときに比べて，参加者自身の顔を見たときに，側頭葉の紡錘状回，頭頂葉の楔前部（precuneus），前頭葉の腹側運動前野と下前頭回（inferior frontal gyrus: IFG）とよばれる領域が高く活動することが示されています．これまでの脳イメージング研究によると，楔前部には感覚情報に基づく自己の身体マップが存在すると考えられています．腹側運動前野は，ラバーハンド錯覚で紹介したように自己受容感覚に関わる領域です．自分の顔の認知も，自己の手足の認知と同じように"体性感覚"と"視覚"の情報を多感覚的なフィードバックにより処理することで成り立っていることが推測されます．一方，下前頭回は，自分が経験した記憶を思い出す場合や，自己の特性に関する評価を行うときなど，自己を他者から区別するような，より高度な自己情報の処理に関与していることが報告されています．

これらを踏まえると，紡錘状回で顔を検出し，楔前部や腹側運動前野で自分

の顔情報を参照し，中・下前頭回で自己と他者の顔を区別するといった3段階の脳のプロセスが自分の顔の情報処理を担っていると考えられています（Northoff et al., 2006）.

ちなみに，身近な友人の顔を見ているときと見知らぬ他人の顔を見ているときの脳の活動を比較すると，右の側頭葉の一番前方にある側頭極（temporal pole: TP）に有意な活動が認められました．そのため側頭極は，顔の記憶や知っている顔かそうでないかを判断するための領域ではないかと考えられています．側頭極を損傷した患者の例では，言語障害はないのに人の名前だけが思い出せなくなったり，自分の過去や知人との関係などの記憶が思い出せなくなったりします．また，脳機能イメージング研究では，文章理解課題，情動を誘発する課題，社会的認知を要求する課題などを行うときに側頭極が活動するという報告が増えてきました．一方で，単語リストを記憶するような課題ではこの領域が活動するという報告はありません．このことから側頭極は，社会的な文脈の記憶や相貌認知や心の理論といった機能との関わりが深いと考えられています．

2.5　身体の視覚情報を処理する部位

顔の情報に特異的に反応する脳領域があるように，身体の視覚情報に対して特異的に反応する領域も存在しています．外側後頭葉，視覚野の一部である有線外皮質（extrastriate cortex，外線条皮質，有線領外皮質ともいいます）の中に存在する有線外皮質身体領域（extrastriate body area: EBA）とよばれる領域です（Downing et al., 2001）（図2.16）．EBAは，自分自身の身体の部位に反応する神経細胞の集団や，他者の身体の部位に反応する神経細胞の集団が存在していて，自分でも他者でも身体部位に関わる写真や運動を見たときなどに，より強い活動を示します．ヒトの脳の神経活動を直接記録した研究によると，身体の画像に対してEBAが潜時200〜250ミリ秒で強く反応することが明らかになっています（Pourtois et al., 2007）．EBAは，顔の視覚処理に関わる紡錘状回の顔領域とは対照的に，顔の画像に対してはあまり活動を示しません．

2.5 身体の視覚情報を処理する部位

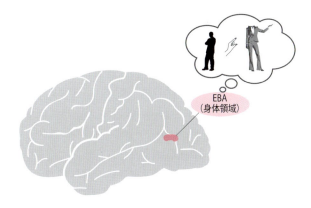

図 2.16　身体の視覚情報に反応する身体領域の位置

　最近の研究では，EBA は自分の動きを他者にまねされているときに活動が高まることが知られています（Okamoto et al., 2014）．fMRI を用いて，脳の活動を調べてみると，まねをされたときのほうがまねをされていないときに比べて EBA の活動が高くなることが報告されています．対照的に，自閉症者では EBA ではこのような活動が観察されませんでした．このことから，自閉症者では EBA がまねをされたときにうまくはたらいていないことが示唆されています．

　一方，自分がした運動を視覚的に見たときに，そのタイミングが一致していないと EBA が強く反応するという報告もあります．レバーを操作してコンピューター画面のカーソルを動かす課題や，ビデオゲームのような課題を参加者が行うとき，自己の運動と視覚的なフィードバックが一致していないと EBA が強く反応します（David et al., 2007; Yomogida et al., 2010）．先に紹介したまねをされたときに EBA が活動を示すという結果とは相反していてさらなる検討が必要ですが，EBA はたんに身体の部位に反応するだけでなく，内的な行動の表象と視覚情報の一致や不一致の検出にも関係していると考えられます．

第 2 章　自己の身体を認識する

▶▶▶ Q & A ◀◀◀

 宇宙のように重力のないところでは，自己受容感覚は変化するのでしょうか？
宇宙飛行士が上下位置を理解するのは，視覚だけに依存するのですか？

 重力が存在する地球上では，目をセンサーとする視覚情報のみならず，耳の奥にある耳石器をセンサーとする重力情報も身体位置の確認にとって必要な情報となります．耳石器は，神経の上に細かい毛が生えた感覚毛と，その上に耳石が乗っている構造になっています．通常，身体が傾くと耳石が重力によって動き，感覚毛が刺激され，それにより身体の傾きを感じ取ることができます．しかし，国際宇宙ステーションのような微小重力環境では，重力の情報がほぼ失われ，耳石器は正常に機能しなくなります．そのため，身体が傾いたという感覚がなくなり，平衡感覚が混乱します．

　たとえば，JAXA が紹介しているように，国際宇宙ステーションの中で目を閉じて座禅のポーズを取ろうとすると，身体が勝手に浮遊してしまいますが，本人は動いていると感じないことがあるそうです（http://iss.jaxa.jp/library/video/noguchi_zazen.html）．しかし，目を開けていれば身体の浮遊や傾きを認識することができます．

　また，宇宙では目を閉じて身体を動かすことにもズレを感じるようです．地球上では，「物をつかむ」，「手をあげる」といった動作をしようとするとき，わざわざ力加減などを意識することはないのですが，無意識のうちに重力に依存した力加減が筋肉の内部感覚としてプログラムされています．しかし宇宙では，このプログラムがつくられたときに存在していた重力がなくなってしまうため，感覚の混乱が起こります．たとえば，腕を水平方向に伸ばそうとしたとき，腕の重さがないため，実際よりも腕を高くあげているような感覚になるそうです．そのため，目を閉じて両腕を水平に伸ばそうとしても，やや下にむいた状態を水平と感じてしまいます．微小重力環境では，重力情報が失われる分だけ，視覚情報が身体定位に関してより大きな重みをもつことがわかります．

 幻肢症状がなくならず，幻肢による腕の痛みに悩む患者さんがいると聞いています．遠心性コピーは消去できないのでしょうか．

 手や足を失ったひとが幻肢によって感じる痛みを幻肢痛といいます．手や足が存在し，それを動かそうとするときは，動かすという指令（遠心性コピー）が立ち上がります．そのため，脳はそれを動かすことで体性感覚や視覚によりフィー

ドバックされることを期待しています．ところが，手や足がなくなってしまうとそれらの感覚がフィードバックされないため，感覚の葛藤が生じ，それが増幅されると痛みとして感じると考えられています．

アメリカの神経科医であるRamachandranは鏡を使って，幻肢痛を軽減するミラーセラピー（鏡療法）を提案しています（Ramachandran et al., 1995）．この方法では身体の中央に鏡を立てて置き，健常な手や足を中央の鏡に写すことで，なくなった手や足がそこに実際に存在しているかのように錯覚させることができます（図）．この錯覚により，視覚的な感覚を脳にフィードバックさせることで幻肢痛を和らげることができるそうです．

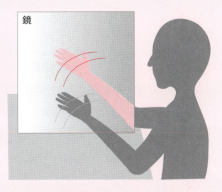

図　幻肢痛を軽減するミラーセラピー

遠心性コピーが消去されるといえるかはわかりませんが，幻肢痛患者を対象とした脳機能画像研究により，一次体性感覚野や一次運動野などの機能が再構築されることが報告されています．一次体性感覚野や一次運動野には，体部位局在性といって身体の部位に応じた領域が存在しています（1.2.2項参照）．手を失った幻肢痛患者では，失った身体の部位に相当する一次体性感覚野に信号が来なくなるので神経が収縮していきます．その代わり，近辺に位置する唇や顔面の領域が拡大してくるという機能再構築が認められています（Flor et al., 2006）．そのため，幻肢痛の人の頰を触ると，ないはずの手に触られているように感じることがあるといわれています．

3 自己の心を理解する"自己意識"

3.1 ジョハリの窓

　「自分は優しい人だ」と思っていても，他人に横柄な振舞いばかりをしていては，優しい人だとは思ってもらえません．「自分は優しい」と思っているだけではなく，自分の行動なり言葉なりを他者が見知って優しい人だと思われるようになってはじめて「優しい人」になれるのです．自分が思っている自己像と他者から見た自己像の違いを認識することは，他人とのコミュニケーションを円滑にするために重要だと心理学的に考えられています．自分が知っている自分，他人が知っている自分を4つの窓のようなカテゴリーに分類する自己分析方法があります（図3.1）．これは，Joseph Luft と Harry Inglam という2人の心理学者が考案したものなので，2人の名前をとって"ジョハリの窓"とよばれています．この自己分析方法では，知り合いを集めて，性格の要素が書かれたリストの中から，自分の性格に当てはまると思う要素を選んでいきます．知り合いには，自分の性格に当てはまると思う要素を選んでもらいます．

　自分が選んだ要素と知り合いが選んだ要素が重なっている性格は，"開放の窓"に当てはまります．"開放の窓"には，自分も他人も気づいている姿が映しだされます．自分は選んでいないけれど知り合いが選んだ要素は"盲点の窓"に当てはまります．"盲点の窓"には，他人は気づいているけれど自分は気づいていない姿が映ります．この窓に当てはまった特徴は，自分が他人に見せたい自己イメージが周囲にうまく伝わっていない，自分の情報のコントロールに

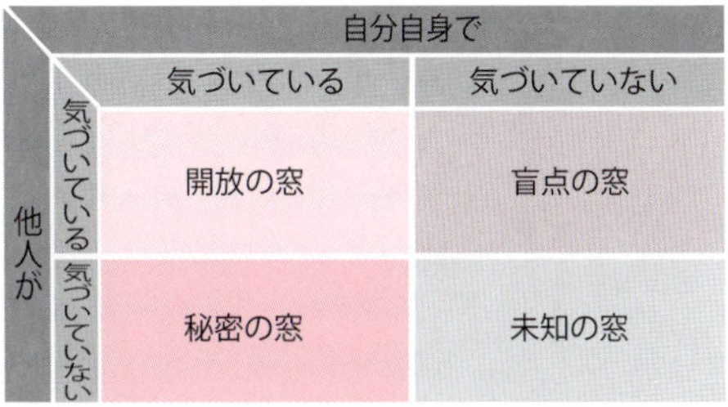

図 3.1 ジョハリの窓
開放の窓：自分も他人も気づいている性格
盲目の窓：自分で気づいていないけれど，他人が気づいている性格
秘密の窓：自分で気づいているけれど，他人が気づいていない性格
未知の窓：自分も他人も気づいていない（本人に属さない）性格

失敗している可能性があります．"秘密の窓"には，自分は気づいているけれど他人は気づいていない姿が当てはまります．たとえば，人には言えない秘めた思いや隠しごとなどが反映されます．この窓に入る項目が多い場合は本当の自分を押し殺して生活していると考えられています．"未知の窓"には，自分も他人も気がついていない特徴が入ります．埋もれている才能があるか，本人に属さない性格が当てはまるでしょう．これにより，主観的に見た自分と客観的に見た自分を知ることができるため，効果的な自己分析として企業の社員教育や研修などにも活用されています．

3.2 メタ認知とは

自分のことを正確に評価できるかをメタ認知 (metacognition) といいます．学校でテストを受けて，よく出来たので 90 点は取れているだろうと思っていたとしても，採点が返ってきたときには 65 点だったらがっかりするでしょう．全然できなかったと思っていたテストの結果が，思っていたよりも高得点だったこともあるかもしれません．このように，自己評価と現実がずれていることがあります．

とくに，人は自分の能力を過大評価してしまいがちです．心理学では"平均以上効果"とよばれている現象があります．たとえば，「あなたの頭の良さは

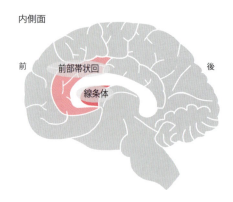

図 3.2　線条体と前部帯状回の位置

上位から数えて何パーセントぐらいに入りますか」や，「あなたは同じ仕事をしている同僚と比べて，自分の能力はどの程度だと思いますか」という質問に対して，「1. 平均よりかなり下，2. 平均よりやや下，3. 平均程度，4. 平均よりやや上，5. 平均よりかなり上」の 5 つの選択肢が与えられたとしたら，どれを選びますか．多くの研究では，このような質問に対して，ほとんどの人が 4 か 5 を選択することが報告されています．この効果は，多くの人が自分の能力などを過大評価する傾向にあることを示しています．

　この平均以上効果は，多くの国や地域で行われた研究でも確認されていて，最近では神経科学者がその脳内過程を説明するようにまでなっています．

　放射線医学総合研究所の山田真希子らのグループでは，"優越の錯覚"の程度を認知心理テストで測定するとともに，脳にある線条体（striatum）のドーパミン受容体の密度と安静時の脳活動を測定して，脳内メカニズムが平均以上効果に関係していることを明らかにしています．線条体とは，皮質の下にある大脳基底核の構成要素のひとつで，ドーパミン受容体が集中している部位です（図 3.2，解説「線条体と前部帯状回とドーパミンの関係」参照）．この研究では，自分は平均より優れているという優越の錯覚の程度が大きい人ほど，行動や認知を制御している線条体と前頭葉の前部帯状回との機能的な結合が弱いことがわかりました．

　また，この研究では，線条体におけるドーパミン D_2 受容体の密度を PET

検査で計測しています．その結果，線条体のドーパミン D_2 受容体の密度は前部帯状回と線条体の機能的結合の度合と相関していることがわかりました．つまり，この機能的結合が弱い人は，線条体におけるドーパミン D_2 受容体の密度が低いということになります．そして，その機能的結合の度合が，優越の錯覚の程度と相関することが確認されています．

行動や認知を制御する線条体と前部帯状回の機能的結合が弱いとその同調性が低くなり，制御するはたらきが弱くなるために，優越の錯覚を抑えられない状態となります．一方，機能的結合が強くその同調性が高いと，行動や認知を制御するはたらきが強くなるために優越の錯覚が抑えられている状態となると解釈されています（Yamada et al., 2013）．

自分の評価に対して謙虚であることは大切ですが，正しい自己評価こそが良いというわけではありません．これまでの心理学の研究では，健康な精神状態にある人ほど，少し自分をよくみる傾向をもっていますが，うつ症状にある人にはこのような傾向があまりみられないこともわかっています．ヒトには，自分は平均よりうまくできていると錯覚しながら，未来の可能性をポジティブに信じて，目標に向かうことができる能力が潜在的に備わっているともいえるかもしれません．

解説 線条体と前部帯状回とドーパミンの関係

線条体と前部帯状回とドーパミンの関わりについて整理しましょう．

感覚や情動，認知機能に関する情報など，運動発現に影響を与えるさまざまな情報は，大脳皮質から大脳基底核に運ばれてきます．大脳基底核に存在している線条体はそのインプットの入り口として機能しています．この線条体には腹側被蓋野（ventral tegmental area: VTA）という領域から分泌されたドーパミンが送られてきます．その後，さらに視床へと情報が流れ，もう一度運動・感覚野へと送り返され，そこから脳幹や脊髄を通って筋などの器官へと刺激が運ばれ，運動が発現します．このような流れを大脳皮質→大脳基底核（線条体が位置しているところ）→視床→大脳皮質ループ回路といいます．

大脳皮質といっても，これまで紹介してきたとおりたくさんの領域があります．補足運動野からスタートするループや前頭前野からスタートするループなどがあり，全部で5種類のループが提唱されています（Alexander et al., 1986）．そ

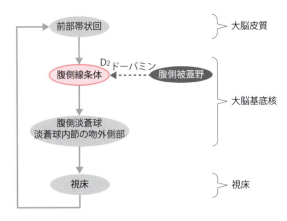

図　前部帯状回を通る大脳皮質→大脳基底核→視床→大脳皮質ループ回路の例

のなかで，前部帯状回を通るループ回路も存在していて，前部帯状回→腹側線条体→腹側淡蒼球→視床→前部帯状回というループを形成しています（図）．

　線条体は頭骨のほぼ中央に位置していて，まるでターミナル駅のようにはたらいています．前部帯状回のみならず大脳皮質の各地から送られてくる神経の情報という列車を次々と受け入れていきます．しかし，ターミナル駅といっても，すべての列車を同時に通過させることはできません．どの瞬間であっても，実際にそこを通過できるのは2，3の行動に限られます．

　そこで，腹側被蓋野からやってきたドーパミン作動性ニューロンが放出したドーパミンが線条体を通過しようとするものを決めるようなはたらきをします．ドーパミンはドーパミンD_1受容体をもっている神経細胞は興奮させ，D_2受容体をもっている神経細胞は抑制するようにはたらきます．このシステムによって，必要な運動を適切なタイミングでひき起こすとともに，不必要な運動を抑制できるようになります．

　前部帯状回から始まるループ回路は，線条体でD_2受容体を発現する神経細胞を介していることが知られています．そのため，ドーパミンにより抑制性の作用がはたらき，この研究でいえば"優越の錯覚"を抑えるようになることが推測されます．

3.3 外からみた自分，中からみた自分

　自己意識の強さに関するアンケートを集めて因子分析を行った結果，自己意識には大きく分けて2つの因子があることが見い出されています（Fenigstein et al., 1975）．1つ目は自己の外見や行動，他者に対する言動など，他者が観察できる自己の側面に注意を向けることによって形成される公的自己意識（public self-consciousness）という因子です．大勢の観察の前で発表をするとき，注意が自分に対して強く向けられると不安や緊張が生じたり，うまく振る舞えなくなったりするのは，公的自己意識が高められることによって起こる反応だと考えられています．また，自分が映った写真やビデオ，録音された声を聞き自己像のフィードバックを与えられたときにも，自分の容姿や声が他者にどのようにとらえられているかを意識するため，公的自己意識を高める要因となります．

　2つ目は対照的に私的自己意識（private self-consciousness）と名づけられた因子で，自己の信念や思考など，他者が直接観察できない内面に関する情報にアクセスするときに高められる意識です．公的・私的自己意識は，どちらも自己に対する注意という点について共通していますが，公的自己意識は自己の外面に対する注意，私的自己意識は自己の内面に対する注意という点で大きく区別できます（図3.3）．

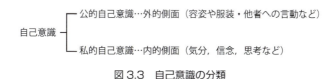

図3.3　自己意識の分類

3.4 自己意識の発達過程

　自己意識はいつから芽生えてくるのでしょうか．図3.4に子どもの自己意識の発達について研究を続けているLewisの描いたモデルを示します（Lewis, 1997）．ヒトの場合，先に説明したように生後2歳前後にルージュテストを

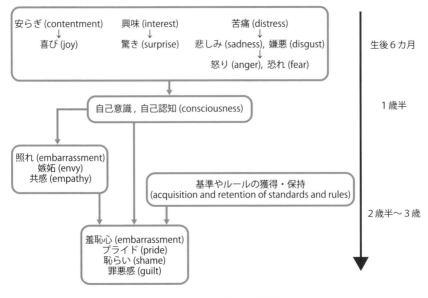

図 3.4 Lewis らによる幼児の情動発達モデル
Lewis（1997）.

通過するようになります（2.4.1 項参照）．自己鏡像認知ができるようになってからしばらくすると，鏡に映った自分を見て恥ずかしそうな"照れ"の表情を見せるようになります（Lewis et al., 1989）．"照れ"は，観察されることに由来する公的自己意識によって生じる情動で，生得的とされる喜びや怒りなどとは区別されます．このころになると"嫉妬"など自己を意識した行動が現れはじめることから，ヒトは 2 歳前後から自己意識が芽生えはじめると推測されています．

そして，2 歳半〜3 歳ころになると"罪悪感"，"羞恥心"，"プライド"といった私的自己意識が発達し，自分の内的状態を感情で示すようになります．このような自己認識に関する情動は，自己像のフィードバックが与えられて，自己に対して意識が向けられると開始されます．つまり，理想としている自己と，現実の自己との間で比較が行われ，現実の自己が理想の自己の基準に達していないと，"罪悪感"や"羞恥心"などのネガティブな感情を抱きます．一方，現実の自己が理想の自己に達しているときには"プライド"などのポジティブ

な感情を抱くことができるようになります．3歳の子どもにおける自己評価とそれに伴う情動を調べた研究によると，子どもが与えられた課題を決められた時間内に終了できた場合は，肩をそらしたり，顔を上げたり拍手をしたり，「できた」と言ったり，"プライド"を示すような表情を見せることが報告されています（Alessandri and Lewis, 1993）．一方，時間内にできなかった場合には，口角を下げる，下を向いたり，「うまくできない」と自己評価に関する言葉を発したり，"恥らい"の表情を示します．

このように自己意識に関する情動の出現は，基準やルールを理解するという認知的な発達と深く結びついているようです．基準やルールを認知することによって，自分の行動が基準から外れていないかをチェックすることが可能になります．チェックにより，差異が生じていた場合には不快な情動が生まれ，その後の行動を修正するモチベーションとなります．

平均以上効果の紹介では，ヒトは自分が周りよりも優っていると思いやすいことを説明しましたが，自己評価により理想の自己と現実の自己がかけ離れていることを知ると"羞恥心"や"罪悪感"のような自己意識に関わる情動が生まれます．不快な気持ちになるこの感情は，自分の行動や態度に対する警告のようなものなのかもしれません．まさに「己の敵は己」という感覚，つまり自分自身の能力をモニターする心は幼いころから備わっているようです．

3.5 動物のメタ認知

動物に自分のことをどのように思っているか聞いてみても，返事は返ってきません．また従来，メタ認知能力はヒト特有の機能で，他の動物にはないものと考えられてきました．ですが，さまざまな行動課題を通じて，霊長類やイルカに一定のメタ認知機能が存在することが示唆されています．

たとえば，イルカ（*Tursiops truncatus*）は「わからない」という自分の状態を認識できることが報告されています（Smith *et al.*, 2003）．イルカを，2100 Hz の高い周波数（音）が聞こえたときには水中の 2 つのパドルのうち左を，1200～2099 Hz の低い周波数が聞こえた場合には右のパドルを選択するように訓練します．1200 Hz と 2099 Hz の聞き分けができるようになった

のち，徐々に低いほうの音の周波数を少しずつ上げていきます．音の高さが似てきてイルカが間違った反応をするようになったところで，そこに第三のパドルを与えます．そのパドルをイルカが選択すると問題をスキップでき，しばらくたってから，より判断がやさしい音を提示します．第三のパドルを選んだときにはエサをもらうことはできませんが，音の高さが似ている場合にはイルカは高頻度で第三のパドルを選びました．このことから，イルカは自分自身の判断を認識しているのかもしれないと考えられています．

アカゲザル（*Macaca mulatta*）は「忘れた」という自己の状態を認識することも確認されています（Hampton, 2001）．サルに図形を区別させる課題（遅延見合わせ課題）を訓練します．最初に見本となる図形を見せ，図形を消して一定時間が経ったあとに「図形の区別を判断するテストをするか」，「テストをパスするか」を選択させます．テストすることを選択した場合，複数ある図形のなかから見本と同じものを選べば正解で，正解すればご褒美として好物のピーナッツがもらえます．パスを選択すると正解の選択肢のみ出てきて，それを選択すればピーナッツではなく普通のペレットが与えられます．すると，図形が区別しにくい状況のときにはパスを選択する行動比率が増え，区別が簡単な場合には，自らテストをすることを選択する割合が高くなることがわかりました．このことから，サルが，「判断しにくい」，「わからない」と思えば判断を保留にしてパスする行動を取るのではないかと想定されています．こうした結果から，一部の動物種においては，自分の記憶知識に対する"確信度"，"確かさ"の認識を持ち合わせていることがうかがえます．

霊長類やイルカほどではないとしても，ラットやマウスにおいても一部のメタ認知機能の存在が指摘されています（渡辺, 2009）．ラットを2つのレバーのある実験箱に入れて，薬物によってひき起こされる身体の変化を弁別ができるかを調べた研究があります．興奮や多幸をひき起こす薬物（アンフェタミン）を注射された後では左のレバーを押せばエサをもらえ，生理食塩水の注射の後では右のレバーを押すとエサがもらえるようにします．どちらを注射された場合にも，注射時の痛みは同様に与えられますが，生理食塩水の場合，痛み以外は通常何も起こりません．もし，アンフェタミンの起こす身体の中の状態と，食塩水の起こす状態をラットが区別できているなら，アンフェタミンを注射さ

れたときは左のレバーを押し，生理食塩水のときは右のレバーを押すようになります．つまり，ラットが自分自身の中枢状態を手がかりにして，左右のレバーを押し分けるようになります．

マウスにおいても，モルヒネを投与した後に白い部屋に入れば電撃を回避し，生理食塩水を投与した後に黒い部屋に入れば電撃を回避するように学習させることができます．少しずつモルヒネの量を増やしていくと，用量に依存してマウスは白い区画に長く滞在するようになります（Borlongan and Watanabe, 1997）．このように，薬物によって生じた内部状態の変化に応じて，動物も行動を変化させることができると考えられます．このような結果が生じるのは学習を伴うオペラント条件づけ（刺激に適応して行動を変化させること）の法則に従ったという指摘もあるため，メタ認知をしているとは言い切れませんが，少なくとも動物は自己の内的状態を認知し，それに応じて行動を変化させているようです．

では，「過去の自分はどうであったか」や"思い出"を振り返るようなメタ認知機能を動物はもっているのでしょうか．言語をもたない動物たちから，思い出や記憶を確認するのはとても難しそうです．

1998 年，アメリカカケス（*Aphelocoma californica*）という小さな青い鳥を用いた研究で，動物がエピソード記憶（episodic memory）をもっていることがはじめて示されました（Clayton and Dickinson, 1998）．この研究ではカケスに，ピーナッツは長時間おいても腐らないことと，"ガ"の幼虫は短時間で腐ってしまうことを，訓練を通じて理解させました．そして，実験ではカケスにピーナッツと幼虫を 2 カ所に 1 つずつ時間をあけて順番に置かせました．その後，エサを置いた場所に対してどのような反応をするかを調べた結果，先に幼虫を隠した場合にはピーナッツがある場所をつつき，先にピーナッツを隠した場合にはまだ腐っていない幼虫がある場所をつつくようになったのです．このような結果は，いつ，どこに，何を隠したのかを記憶していなければ示されないとして，注目されました．その後，ハチドリ（*Trochilidae*）においても，食べ物の場所やいつそこを訪れたかを記憶していることが報告されています．

しかし，ヒトにおいてみられる達成すべき目的がないときにも想起される"思

い出"のような存在が動物にあるのかについては，明らかにされていないところです．

3.6　自己の名前認識

　クラス替えのときなどで，たくさんの名前がずらっと並べられた名簿を見たときに，その中から，自分の名前は素早く見つけることができると思います．同じように，多くの人が参加する会合の受付で，たくさん名札が並べられていても，自分の名札は容易に見つけることができることでしょう．騒々しいパーティー会場で自分の名前を呼ばれると，その声が周囲の声や雑音よりもやや小さかったとしても，鮮明に聞こえることがあります（この現象を"カクテルパーティ効果"といいます）．このように，ヒトは自分に関連する情報については感受性が高く，効率的にその情報を処理することが知られています．

　では，自分の名前を呼ばれたとき，脳ではどのような活動が起こるのでしょうか．他人の名前を聞いたときとは異なり特別な反応をするのでしょうか．名前に対する反応を脳波（EEG）から調べた研究を紹介します．ある特定の刺激に関連して脳が反応したときに検出される事象関連電位（1.1.2 項参照）を名前に関連づけて調べる方法です．たとえば，事象関連電位 P300 というのは，低音の"ポッ"が多く聞こえるなかで，まれに高音の"ピッ"が聞こえると，"ピッ"を聞いてから 300 ミリ秒後あたりに陽性の電位が発生し，その刺激に対してより注意していることを意味していることを 1.1.2 項で示しました．

　この方法で，"ポッ"や"ピッ"ではなく，自分の名前や他人の名前（長さは統制したもの）を使って脳波を調べた研究があります．すると，自分の名前が低い頻度で出現する条件では P300 が出現しますが，他者の名前が低頻度で出現する条件では出現しませんでした．このことから，ヒトは自分の名前に対して選択的に注意が誘発されることが示されました（Folmer and Yingling, 1997）．また，名前の呼び声だけでなく，文字で書かれた名前の提示によっても，自分の名前が選択的な注意を誘起することが報告されています（塩田ほか，2010）．

3.7　動物の名前認識

さて，ヒトには一人ひとり名前がついていて，名前を呼ばれるときちんと反応できることは間違いないでしょう．名前がつけられたペットやチンパンジーなどは，自分の名前を自分のことであると認識しているのでしょうか．私の愛犬の「そら」も，名前を呼ぶとしっぽを振るなどして反応し，近寄ってきますが，エサがもらえるという条件づけのためにこのような反応をしている可能性も考えられます．

京都大学野生動物研究センターの平田 聡らの研究グループでは，飼育しているチンパンジーが覚醒した状態で，自分の名前，同じグループの他個体の名前，そして未知個体の名前などをスピーカーから提示しながら脳波を測定しています（Ueno et al., 2010; 平田，2013）．すると，自分の名前が再生されたときだけ，音が再生され始めてから500ミリ秒あたりで大きな電位の変化が認められました．刺激を提示してから500ミリ秒後に起こる電位の変化はヒトの赤ちゃんにおいても見られているもので，選択的な注意を反映していると考えられています．この研究から，チンパンジーも自分の名前をそれ以外の音声と区別して認知処理していることが明らかになりましたが，チンパンジーがヒトと同じように，呼ばれた名前を自分として認識しているのかは脳波を測定しただけでは確信できません．物言わぬ動物の自己認知はまだ謎に包まれていて，研究しがいのある分野だといえるでしょう．

3.8　自己の身体の痛みを認識する脳

気持ちよい，痛い，嬉しい，悲しい．私たちは，時と場合によっていろいろな感情を感じます．では，自分の心的状態を理解するとき，脳はどのように関わっているのでしょうか．

自分の心の認識のなかで，とくに"痛み"に関する研究は数多く報告されています．痛みは刺激を末梢の受容器が受け取り，脳で感じることで認識されます．痛みに関連する脳領域について脳機能イメージングで調べた研究によると，一次体性感覚野，二次体性感覚野，前部帯状回，前頭前野，視床，島皮質といっ

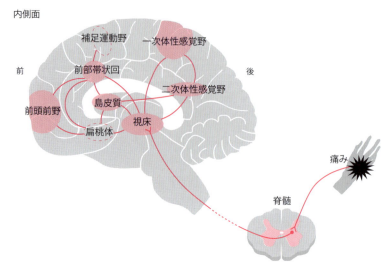

図3.5 痛み関連領域
Apkarian et al., (2005)より.

た領域が関連していることが示されました (Apkarian et al., 2005) (図3.5). 大脳皮質および皮質下に存在するこれらの領域はペインマトリックス (pain matrix) や痛み関連領域とよばれていて，痛みの知覚と調整に関わることがわかってきました.

　このペインマトリックスに含まれているとされている島皮質 (insula cortex) とは，側頭葉と頭頂葉を分ける外側溝の内側にある脳皮質です (図3.6). "島" と書かれることもあり，はじめて見ると「脳の中に島があるの!?」と驚くところです. どうしてこのような不思議な名前になったかというと，ドイツのロマン派精神医学者の Johann Christian Reil がこの部位をはじめて学術的に取り上げ，それから "ライル (Reil) の島" とよばれたことが由来しているそうです. 島皮質は自律神経系，内臓感覚，平衡感覚など，さまざまな末梢から身体情報が集まってくる領域だと考えられてきました. また，高次の体性感覚処理領域である二次体性感覚野と神経連絡をもっていることから，ヒトの身体性に関しても重要な役割を果たしているとされています. Reil は「あたかも広い海原に浮かぶ島のように，身体の隅々から情報を吸収し，それらを混

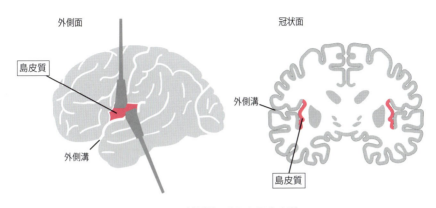

図 3.6　外側溝の奥にある島皮質

ぜ合わせて咀嚼している」と述べていて,「ここに心がある」と考えていたのかもしれません.

　島皮質は島中心溝によって後方と前方に分かれています. 後部島皮質 (posterior insula: PI) には, 痛みや痒みなどさまざまな体性感覚の信号が投射されます. 一方, 前部島皮質 (anterior insula: AI) には, 感情的な刺激を検出し, 感情的な反応を起動させる扁桃体と互いに情報をやり取りしています (図 3.5 参照).

　身体の痛みはおもに 2 つの要素から構成されていて, 島皮質の前後でその役割が分かれています. 1 つ目は感覚に関する要素で, 体性感覚皮質と後部島皮質が関与し, 痛みの強さや痛みを感じる場所（皮膚か内臓か）を認識します. 2 つ目の要素は情動に関するもので, 背側前部帯状回 (dorsal anterior cingulate cortex: dACC) と前部島皮質が中心となり, その痛みの刺激がどのように嫌なものなのかを認識します.

3.9　ひとりぼっちを痛いと認識する脳

　3 人でキャッチボールをしているのに, 自分にだけボールが回ってこない. パーティー会場で周囲が楽しそうにおしゃべりしているのに, 自分には話し相手がいなくてひとりぼっち. 最近では"ぼっち"といわれるひとりぼっちの状況でも, ペインマトリックスが活動することがわかってきました.

2003年にScience誌に掲載された研究は，「社会的な疎外を受けているときは，身体の痛みと類似の脳部位が活動する」ということを報告しています（Eisenberger et al., 2003）．この研究では，参加者を実験的に仲間はずれな状況におき，心の痛みに脳のどの部分が関わっているかを調べています．実験参加者はfMRIの中で他の2人の参加者（本当はコンピューター）とオンライン上でボールを投げ合うサイバーボール課題に取り組みます．最初は3人で自由にボールをパスしあっているのですが，後半になると実験参加者以外の2人だけでボールをパスしあうようになります．このとき，実験参加者は自分にボールが回ってこないため，仲間はずれにされた感覚を味わいます．この，仲間はずれの最中の脳の活動を調べたところ，参加者の背側前部帯状回と前部島皮質がより強く活動することがわかりました．また，拒絶感の強さと背側前部帯状回の活動は関連していて，正の相関を示しました．このことから，私たちは物理的痛みを感じなくても，社会的に仲間はずれにされたとき，身体の痛み

誰かを仲間はずれにすると，自分も傷つく

本節で紹介したように，ボールの投げ合いの課題で自分が仲間はずれにされると，心が痛みます．では，自分が誰かを仲間はずれにしているときはどうでしょうか．

サイバーボール課題で，3人でキャッチボールをする条件と，実験参加者が誰かを仲間はずれにして2人でキャッチボールをしなければならない条件で，心の痛みを比較した研究があります（Legate et al., 2013）．実際には，参加者はコンピュータープログラムとキャッチボールをしているだけで，プレイヤーとは会ったことがありません．それにもかかわらず，アンケートによる苦痛のスコアを調べてみると，どちらかのプレイヤーを意図的に仲間はずれにしなければならないときに，苦痛を感じていることがわかりました．誰かを仲間はずれにしたときの条件は，自分が仲間はずれにされたときの条件と比べると，参加者は同じ程度の苦痛を感じたそうですが，恥や後悔する気持ちは，誰かを仲間はずれにしたときのほうが高くなっていました．

もちろん，実験参加者は仲間はずれにするコンピューターのプレイヤーに何か悪いことを言われたわけではありません．ヒトは悪いことをしたわけではない他者を仲間はずれにすることにも強い抵抗があるようです．

を嫌だと感じる感覚と同じ感覚を経験していることを意味しています．その後，社会的な痛みに関する研究が相次ぎ，近親者が死別した場合にも，ペインマトリックスが活動することが報告されています（O'Connor *et al.*, 2008）．

物理的な身体の痛みであれ，実態のない心の痛みであれ，それらを同じように脳が認識することは嫌悪に感じる原因を回避する動機づけとなり，適応的な意味があります．誰かを仲間はずれにする精神的ないじめは，身体的な痛みと同じような苦痛を与えていることも忘れてはいけないことでしょう．

3.10 自己の気分を認識する脳

息を呑む，胸がおどるなど，私たちは身体の反応の変化を用いて感情を表現します．自分の心拍や空腹感など，身体の内部の状態を認識する感覚を内受容感覚（interoception）といいます．内受容感覚は，望ましい生理的状態を維持するのを助けるために進化してきた恒常性を保つために重要な感覚です．そして，身体感覚だけでなく，だるい，身体がかるい，気分がすっきりしているといった，内受容感覚やそれに由来する感情の生起にも，島皮質が重要な役割を果たしています（Craig, 2009）．

身体の隅々から発信される脳への信号の多くは，求心性迷走神経により伝達されます．それらが合流する地点が後部島皮質であり，信号はまとめられながら前部島皮質に送られていきます．前部島皮質は，扁桃体との相互作用により身体から得られた信号に感情が与えられ，それにより主観的な感情が作り出されます．扁桃体は側頭葉の内側に位置する辺縁系の一部で，アーモンド形の神経細胞の集まりであり，情動反応の処理において重要な役割をもっている部位です．

慶應義塾大学文学部の寺澤悠理らは，fMRIを用いた研究で，自身の身体状態を評価するときと感情状態を評価するときに共通して大きく活動する脳領域として，右前部島皮質と前頭前野腹内側部を特定しています（Terasawa *et al.*, 2013a; Terasawa *et al.*, 2013b）．その研究では，参加者に対して，「今，悲しいですか」といったような現在の感情を尋ねる課題と，「今，心拍が速いですか」といった身体状態を尋ねる課題を実施し，それぞれの状態を判断して

いるときの脳活動について調べています．感情状態と身体状態の両方の課題で共通して活動がみられる部位が，前部島皮質と腹内側前頭前野であることから，自分の主観的な感情状態を感じているときは，身体状態を評価しているときと同じように脳が活動していると考えられています．

3.11　自己を内省する脳

　これまで，脳は外界から何かの刺激を受けて情報が伝達されることで，活性化すると考えられてきました．しかし，1990年代半ば，fMRIを用いた研究により，注意を必要とする達成課題を行っているときよりも，休憩しているときのほうが高い活動が，脳のある領域で認められました（Raichle et al., 2001）．そして，参加者に目を閉じてもらい安静状態を取らせたり，スクリーンの注視点をただ観察させたりといった，とくに何も刺激を与えていない休憩中にも盛んに脳活動が起こる部位があることがわかってきました．このように，要求された課題もなく，静かにしている状態を"デフォルトモード"とよび，そのような安静状態の脳活動が織りなす脳全体的なネットワークをデフォルトモードネットワークといいます．デフォルトモードネットワークは，安静状態のときに活動していて，集中して課題を行うときにはそちらに道を譲るように活動が低下します．

　現在，デフォルトモードネットワークが含まれるとされている部位は，内側前頭前野（mPFC）と頭頂葉内側部の後部帯状回と楔前部です（図3.7）．これらの領域は，自己への内省に関連しているといわれています．とくに内側前頭前野は，自分の趣味や好き嫌いの判断を求められたり（Zysset et al., 2002），ヒトの視線が自分に向けられているとき（Kampe et al., 2003）など，自己に関わる状況の判断時に活動することが報告されています．後部帯状回は空間認知や内部思考の統合に，楔前部は自己に関わる認知の処理に関与することが知られている領域です（Northoff and Bermpohl, 2004）．

　このことから，デフォルトモードネットワークの機能は当初，「自己に対する内省や自己の振返りなどの思考を行う場」であると考えられてきました．さまざまなタスクを与えて検証した結果，デフォルトモードネットワークは「過

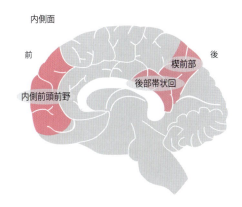

図 3.7 デフォルトモードネットワーク関連領域

去の出来事を回想し，それを未来への計画に結びつける」ということに関与しているだろうと推測されています．後部帯状回や楔前部は，先に説明したように自己の顔認知や身体の状態の把握に関与しています．デフォルトモードでもこれらの部位が活動しているということから，自己の内省など心の状態を理解する際にも，私たちは無意識に身体状態に注意を向けているのかもしれません．

　さらに，デフォルトモードネットワークは，記憶に障害が起こるアルツハイマー型認知症（Alzheimer's desease）において機能低下が起きていることが解明されつつあります（Greicius *et al.*, 2004）．記憶の障害については以前から記憶を司る海馬の研究により理解されていましたが，そのメカニズムは完全には明らかにされてきませんでした．アルツハイマー病では「今日は何月何日か」，「自分がいる場所はどこか」，「自分は誰と話しているのか」といった自分がおかれている状況を把握する機能に障害が起きているとの見解もあります．自分がおかれている状況の把握にも関与するといわれるデフォルトモードネットワークの脳活動状態を検査することで，アルツハイマー病の早期発見に役立つとも考えられています．

第3章　自己の心を理解する"自己意識"

▶▶▶ Q & A ◀◀◀

 自己意識の発達は，脳の発達と密接な関わりをもっていると思います．それぞれの意識過程の発達と，具体的な脳部位の発達との関連などの研究はどのくらい進んでいるのですか．

 自己意識の発達と脳の発達を調べるためには，子どものニューロイメージング研究が必要となりますが，乳児や幼児の頭部の動きを制限した状況で実験に参加してもらうことは，とても困難だといわれています．また，言語能力が発達途上の子どもに，実験課題を正確に理解してもらうことも難しいでしょう．そのため，乳幼児を対象としたニューロイメージング研究はあまり行われておらず，現段階では，自己意識の発達過程と脳のはたらきを直接調べるという研究はあまり進められていません．

ですが，ある機能に対する神経基盤を特定し，その機能の発達時期を考慮することで，神経基盤の発達時期を予測するような試みは存在します．

成人に対して自己認知のプロセスと自己評価のプロセスに関わる神経基盤の違いを調べた研究があります（守田ほか，2007）．fMRIを用いて調べた結果，自分の顔写真を見ることによる自己認知には左側運動前野に相当する領域が関与することが示されました．さらに，自分の顔写真が変な映りをしていて恥ずかしいと思うような自己評価をする際には，前方の下前頭回に相当する領域が関与することが明らかになりました．詳細に説明すると，右側運動前野は，公的自己意識尺度が高い人，つまり他者から観察できる自己の外側に対して注意を向けやすい人ほど，自分の顔写真を見たときに活動が強くなることが示されています．一方，右側下前頭回の活動量は，自分の写真を評価するときに経験される恥ずかしさの強度との間に負の相関関係がみられています．つまり，自分の顔写真に対して恥ずかしさを伴わない場合には，右側下前頭回の活動量が増加しました．

発達過程において，自己認知と自己評価の機能が出現する時期が異なることから，それに対応して，2つの領域の成熟時期が異なることが推測されています．鏡に映った自分を認知でき，ルージュテストを通過するようになる1歳半から2歳は，自己認知が獲得されるだけでなく，他者の行為を模倣しはじめる時期でもあります．先に述べたように，運動前野は自分の写真を認識するときに活動しますし，後の章で紹介しますが，他者がものをつかんでいる様子を観察したときにも活性化することが知られています（1.2.6項および第5章参照）．そのため，運

動前野が発達し，機能しはじめるのはちょうどこの時期にあたるのかもしれません．

　下前頭回は，自分が経験した記憶を思い出す場合や，自己の特性に関する評価を行うときなど，高度な自己情報の処理に関与していることが報告されています．自己評価が始まるとともに自分が経験した記憶を思い出すことができるようになるなど，高次な自己関連情報の処理に関与する下前頭回は，運動前野よりも遅れて発達すると考えられています．

Q 動物にメタ認知機能が認められていないとのことですが，研究機器の開発により研究手法が発展した場合，さまざまな動物でメタ認知機能が存在することが明らかになることは期待できるのでしょうか．

A 　最近，fMRIを用いた研究で，ヒトの睡眠中の脳活動のパターンから見ている夢の内容を高い精度で解読できることが報告されました（Horikawa et al., 2013）．夢の内容は本人にしかわからないですし，すぐに忘れてしまうことから，これまで客観的に調べることが難しい対象だといわれていました．まだまだ先の未来になりそうですが，動物にこのような技術が応用できたら，動物が何を考えているのかわかる時代がくるのかもしれません．

Q カケスやハチドリはエピソード記憶があるのでは，とのことですが，イヌやその他の動物も食べ物を隠したりします．隠すということから覚えているような気がするのですが，かなりいい加減なものなのでしょうか？　また，キャリーバッグに入れられて病院へ行ったイヌが，その後キャリーバッグを怖がるといったケースは，エピソード記憶とは違うのでしょうか？

A 　京都大学の藤田和生らの研究により，イヌにも"エピソード記憶"がある可能性が示されています（Fujita et al., 2012）．エピソード記憶とは，「あのエサはいつもここでとれる」といったような単純な"知識"ではなく，いつ，どこで，なにが起こったのかという文脈をもった記憶です．何度も繰り返して学習することや，「キャリーバッグで出かける＝病院で痛い目に合う」といったような異なる刺激を関連づけて記憶する連合記憶とは，記憶の方法が違うといわれています．

　イヌにおける"エピソード記憶"を実証するために，藤田らは次のような実験を行いました．まず，色や形が違う不透明な容器を4つ用意します（仮にA～Dと名づけます）．AとBにはエサを，Cには石などのつまらない物体を入れておき，Dはカラにしておきます．イヌにすべての容器の中を見せたあと，Aの容器のエサだけを食べさせます．Bの容器のエサはしっかりと確認させるだけで食

べさせません．その後，しばらく散歩に行ってもらい，その間に全部の容器をまったく同じ色・形をした新しいものに取り替え，エサを入れずに並べます．これは匂いの手がかりを使えないようにするためです．

そして，戻ってきたイヌを自由にします．たんに美味しいエサが食べられた場所を覚えているだけだとすると，彼らはエサを食べさせてもらえたAの容器を探索するはずです．ところが，実験の結果，ほとんどのイヌがまだエサを食べていないBの容器の周りを探索するような行動を示しました．まるで「さっきエサを食べたほうじゃない容器に，まだエサが残っている」というように．

つまり，イヌは「どの容器にエサが入っていて，どの容器にエサが残っているか」ということを，あとから記憶をたどって思い出していたことになります．ネコも同様の行動を示すことも報告されています（http://www.nekobu.com/blog/2016/09/160907.html）．このように，偶然起こった一度きりのイベントの記憶をあとから思い出し，それをもとにして行動に表出することから，イヌやネコはエピソード記憶ができていると考えられています．

実験ではエサを探すという行動で"エピソード記憶"を実証していますが，飼い主と過ごした過去のイベントをときどき思い出してそれに浸っているかどうかはわかっていません．わからなくてもどかしいところですが，その気持ちがわからないからこそ，ヒトは動物の気持ちに対して想像をかき立てることができ，愛犬や愛猫をより愛おしく思えるのかもしれません．

 群れを成さない動物もひとりぼっちを痛いと感じますか．

A　天敵に襲われる可能性と隣合わせで生きてきたウシやヒツジなどの草食動物は，成体になっても孤立してしまうことに対してストレスを感じやすくなっています（6.7節参照）．

一方，ネコ科の動物などはライオンを除いて単独行動をしていて，本来は群れをつくって行動をしません．きちんと比較した研究はありませんが，野生下では単独行動をしているネコは，群れで生活しているイヌと比べると，ひとりぼっちになってもあまり寂しがらないといわれています．とくに，単独行動をしている動物は縄張り意識が強いため，仲間に出合うと安心するというよりは，自分の縄張りに入ってきた仲間を厳しく追い出したり，追い出されたりして闘争することもあるので，別のストレスを受けているのかもしれません．

しかし，これは一概にはいえず，ネコなどを数匹いっしょに飼育していて，集団でいることに慣れているネコの場合は，ひとりぼっちになることを嫌がること

もあります．とくに，仔ネコのうちは母親の養育が必要なので，ひとりぼっちにしていまうとミャーミャーと母親を呼ぶための鳴声（アイソレーションコール）を発声します（6.1 節参照）（Konerding *et al.*, 2016）．

　幼いときは母親から離れてひとりぼっちになることを嫌がりますが，しだいにひとりぼっちに慣れていくということは，ひとりぼっちを痛いと感じる回路が発達に伴って抑制されているのかもしれません．そのような発達過程を研究してみるのも面白いと思います．

4 他者との関係を認識する

4.1 社会脳とは

　ヒトを含め，多くの動物たちは社会をつくって生活しています．普段，単独で生活している動物種であっても，食べたり食べられたりの関係をはじめとする異種間との関わりは避けることはできません．また，同種の異性と生殖活動をするときにも雌雄間のコミュニケーションが欠かせません．

　動物が他者との社会的な場面においてうまく振る舞うためには，コミュニケーションをとっている相手が誰であるかをきちんと認識する必要があります．たとえば，多くの動物の母親は自分の仔と他者の仔をきちんと見分けることができ，自分の仔に対しては育児行動をはじめとする手厚い反応を示しますが，他人の仔に対しては手のひらを返すように冷たく反応し，ときに攻撃することもあります．動物がこのように反応するのは，自分の子を育てれば自分の遺伝子を次世代に多く残すことにつながり，血縁のない他者の仔を育てるのは労力の無駄になってしまうということで説明されています．

　親子の関係に限らず，社会の中でうまく生活していくためには，相手によってとるべき行動を変えなければいけません．身の回りの状況や相手との関係性を，この分野の言葉では"文脈"，なじみのある言葉では"空気"といいます．この文脈や空気を読むために，私たちの脳には他者の行動や表情を評価し，相手がどのような立場や状態にあるのかを知る能力も備わっています．周囲の状況に応じて適切な行動を選択して切り替える機能が社会脳（social brain）や

社会的脳機能とよばれていて，近年注目を集め精力的に研究が進められています．社会脳の根底にあるのが，雌雄の判別，個体の識別はもちろんのこと，他者の地位や振舞いの認識です．ヒトのみならず動物たちにもこのような社会脳が備わっているので，紹介していきましょう．

4.2 動物たちの雌雄の判別

　私たちヒトは，普段生活をしているなかで，ほとんどの場合他者が男性であるか女性であるかを瞬時に判断することができます．顔，髪型，服装，身長，シルエット，動き方，声などさまざまな要素において男性と女性の間で違いがあり，それをヒントに性別を判断していると思います．これらの要素に矛盾が生じることによって，性別を判別しかねる人に出会うこともありますが，ヒトの場合，見た目から得られる視覚情報が性別判断の基準となっていることは間違いないでしょう．

　ヒト以外の動物でも，オスとメスの見た目の違いが顕著なものがたくさんいます．立派なたてがみをもっているのはライオンのオス，鋭く枝分かれした角を掲げているのはシカのオス，大きな飾り羽を披露しているのはクジャクのオス，色鮮やかな尾ヒレを揺らしているのはグッピーのオス．多くの場合，メスよりもオスの動物のほうが大きく目立つ見た目になっています．これは，メスが生み出す貴重な卵をめぐって，オスの動物たちが競争を続けてきた結果，性淘汰として進化の過程で受け継がれてきた形質といわれています．

　ちなみに，一夫多妻制やハーレム制で繁殖する動物のオスは，強くて優位なオスが多くのメスを従えるため，オスどうしの争いが激しくなります．オスどうしの戦いでは，より大きく立派な体格をしていたほうが有利です．そのため，一夫多妻制やハーレム制の動物では，一般的にオスがメスよりもかなり大きな体格をしています．ゴリラ，ゾウ，シカ，アザラシ，トドなどは，オスがメスよりも断然大きく，一夫多妻制の動物です．

　では，マウスやイヌなど，オスとメスの姿かたちがほとんど同じように見える動物たちは，どのように他者の性別を区別しているのでしょうか．このような動物はオスとメスの身体の大きさもほぼ同じくらいで，私たちヒトがその動

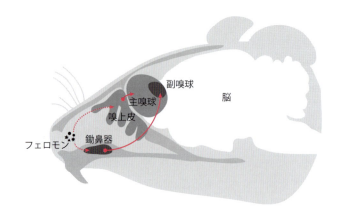

図 4.1　マウスの匂い受容に関わる嗅上皮と鋤鼻器

物の顔を見ても，そこからオスらしさ，メスらしさを見い出すことはとても困難です．しかし，当の動物たちは同種の性別をきちんと判別し，オスはメスに求愛行動を，メスはオスを受け入れるかどうかを判断して逃げたり接近したりといった行動を，当たり前のように示しています．

　とくにマウスでは，匂いの性差がオスとメスの判別に重要であることが報告されています．オスのマウスの尿中には，メスを誘引するフェロモンがたくさん含まれています (Asaba et al., 2014)．たとえば，オスの尿に含まれている揮発性のフェロモンは，メスの鼻腔の上部にあり粘膜で覆われている嗅上皮 (olfactory epithelium) で受容されたのち，メスの接近行動をひき起こします (図 4.1)．尿のみならず涙にもフェロモンが含まれており，外分泌腺由来ペプチド 1 (exocrine grand-secreting peptide1: ESP1) といった不揮発性のフェロモンはメスの鼻腔の底部にある鋤鼻器 (vomeronasal organ) で受容され，メスの性行動（オスのマウントを受け入れる姿勢）を促進させます (Haga et al., 2010)．オスのフェロモンは雄性ホルモンであるテストステロンが存在することによって多く含まれるようになり，メスや性腺を除去してしまったオスではその含有量が少なくなります．一方，メスの尿の中には，発情期にオスのマウント行動をひき起こすフェロモンが含まれることも知られています (Haga-Yamanaka et al., 2014)．フェロモンや鋤鼻器の面白さについては，本シリーズの『ブレインサイエンス・レクチャー 1 巻　匂いコミュニケー

ション』に詳しく記載されているのでぜひとも参考にしていただきたいと思います．

また，オスマウスはメスの尿中に含まれているフェロモンを嗅ぐと，ヒトには聞こえない超音波領域で鳥類のさえずりのような鳴声（ultrasonic vocalizations: USVs）を発声します（Holy and Guo, 2005）．そして，オスの超音波音声は，メスを誘引する作用があることもわかっています（Asaba *et al.*, 2015; Hammerschmidt *et al.*, 2009）．

このように，オスとメスの見た目に違いがないようにみえても，動物たちはヒトには感じることのできない匂いや鳴声でやりとりをしてオスとメスを判別していることがわかります．

4.3　顔の性別識別

ヒトでは，男性と女性をどのように区別しているのでしょうか．先ほど紹介したマウスたちのように，ヒトにも男性特有の匂いや女性特有の匂いがあることがわかっていますが，匂いよりも顕著なのは，やはり顔の違いではないでしょうか．顔の性差は，顔の魅力の要素としても，パートナー選択の手がかりとしても重要な要因となります．では，私たちは相手の顔のどこを見て男性か女性かを判断しているのでしょうか．女性の顔の特徴は，男性よりも小さな鼻，大きな目，両目の間隔の広さ，細くて薄い眉，眉と目の距離の広さ，頬骨高，輪郭が細い，曲線的で膨らんだ唇，などが挙げられています（九島・齊藤，2015）．男性は女性に比べてより成熟した顔になり，女性のほうはより子どもに近い顔をもったまま大人になる傾向があることがわかります．このように，子どもの特徴を残したまま性成熟することを生物学的用語では幼形成熟やネオテニーといいます．このような男女の顔の違いは，子どものころには見られませんが，おもに思春期以降の性ホルモンの作用によって形成されます（高橋，2011）．男性は，男性ホルモンであるテストステロンの作用により，下顎が大きくなり，骨や頬骨が高くなり，彫りが深くなり，眉の筋肉の隆起に伴い相対的に目が細くなります．女性は，女性ホルモンであるエストロゲンの作用により，頬や唇が膨らみ，骨の成長が抑制されることで，幼く見える顔が維持さ

れます．

　チークをのせて頬に膨らみがあるように見せたり，アイラインを引いて目を大きく見せたり，眉毛を整えたりと，世の女性がより女性らしい顔立ちに見えるようにお化粧をする理由がここにあることがわかります．

4.4　顔による個体認識

　社会をつくる動物にとって，仲間が誰であるのかをきちんと認識することは大切です．ヒトをはじめとする哺乳類のみならず，カラスなどの鳥類でも，顔を見て相手を識別することが知られています．たとえば，カニクイザルは同じ群れの他個体や母子関係を認識することが報告されています（Dasser, 1987）．私たちヒトにとっては同じように見えるヒツジ（*Ovis aries*）も，他個体の顔を弁別できることが明らかにされてきました（Ligout *et al.*, 2002）．自分の仔を見分けることはもちろんのこと，2年間にわたって50以上の個体を覚え続けることができるといわれています（Kendrick *et al.*, 2001）．さらに，ヒトが他者の顔を見たときと同じように，ヒツジは顔の弁別課題を行う際，側頭葉と前頭葉で反応が起こることが明らかにされてきました．

　原始的な脳をもつとされている魚類でも，集団内のメンバーを記憶・識別できることが示されています．たとえば，グッピー（*Poecilia reticulata*）は同じ水層で飼われている仲間を記憶・識別でき，新しく入ってきたメンバーを配偶相手として選択する傾向があることがわかっています．小さなメダカ（*Oryzias latipes*）も，個体を識別することができ，メスのメダカははじめて出合うオスよりも，見知っているオスに近づき配偶相手として選択します（Okuyama *et al.*, 2014）．グッピーやメダカが何を基準に個体を識別しているのかはまだ明らかにされていませんが，ヒトと同じように"顔"の違いで他の個体を見分ける魚もいます．家族で群れをつくり縄張りをもつアフリカ産のカワスズメ科の一種であるプルチャー（*Neolamprologus pulcher*）という魚は，よく知らない同種の魚が縄張りを通りかかると警戒反応を示します．プルチャーは，エラや目の付近に黒い筋やオレンジ色の点などがあり，個体ごとに少しずつ異なる模様をしています．プルチャーの顔写真を切り貼りして，他

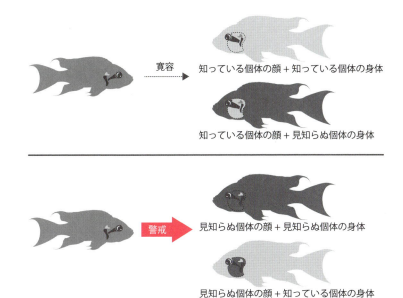

図 4.2 他者の顔を見分けることができる魚，プルチャーの実験

の個体の身体と組み換えた写真をつくり攻撃姿勢を観察したところ，プルチャーが身体ではなく顔の模様の違いを見分けて個体識別をしていることがわかりました（Kohda et al., 2015）．知っている個体の身体に，見知らぬ個体の顔を貼り付けた写真に対しては警戒するような姿勢を長く続けていたのに対して，見知らぬ個体の身体に，知っている個体の顔を貼り付けた写真に対してはすぐに警戒を解いたと報告されています（図 4.2）．

まだ魚類の顔弁別に関わる神経回路は明らかにされていませんが，他者が仲間かどうかを識別する能力は太古の昔からきちんと備わっていたことが魚類の研究からうかがえます．

4.5　社会的順位の認知

群れで生活する動物にはいろいろな立場の個体が含まれます．オス，メス，親子，群れに長くいる者，新参者，身体が強い者がいれば，身体が小さく弱い

者もいます．そのため，社会的な順位がつくられます．動物に順位制があることがはじめて報告されたのは，ニワトリ（*Gallus gallus domesticus*）の研究でした（Schjelderup-Ebbe, 1922; Wood-Gush, 1955）．ニワトリを群れにすると，あちこちでけんかが始まり，つつく側とつつかれる側が区別されてきます．最も上位の個体はすべての個体をつつき，2位の個体は1位の個体以外のすべてをつつき，最下位の個体は誰もつつかない，といったほぼ一直線の順序ができることが確認されています．ちなみに，ニワトリは早朝に鳴くことはよく知られていますが，順位が最上位の個体が毎朝最初に鳴きはじめ，その後，2位，3位，4位と，順位が高い個体から順に鳴きはじめることが最近の研究でわかってきました（Shimmura *et al*., 2015）．この研究から，オスのニワトリは朝一番に朝を告げることで，自分の縄張りを主張していると考えられています．優位でいるためには誰よりも早起きしなければならないとは，ニワトリの世界は厳しい縦社会のようです．

　街や公園でよく見かけるハシブトガラス（*Corvus macrorhynchos*）の世界も，集団にすると直線的な上下関係ができてきます．カラスの上下関係は，サルのように毛づくろい，グルーミングによって確認されています．サルの場合は下位の個体が上位にグルーミングをしますが，カラスの世界では上位の個体が下位の個体にグルーミングをします．この縄張りを維持するために動物たちはストレスを感じることはあるのでしょうか．

　慶應義塾大学の伊澤栄一らの研究グループでは，カラスの糞を集めて，ストレスの指標であるコルチコステロンとカラスの順位を調査しました（Ode *et al*., 2015）．すると，順位とストレスの関係はオスとメスで異なる様子がみられ，オスでは順位が高ければ高いほどコルチコステロンの濃度が高く，メスでは順位が低ければ低いほどコルチコステロン濃度が高くなることがわかりました．順位が低いメスはさまざまな方向から弾圧されストレスを受けていることが想像できますが，オスはオスで順位を維持するために他のオスを見張るなどの気苦労が多いようです．

　もちろん，社会的な順位制は鳥類のみならず，魚類から哺乳類までさまざまな種で観察されています．動物が順位をつくるのは，群れの秩序を保つためだと考えられています．エサや配偶者をめぐって，毎度けんかを繰り広げるより

は，あらかじめ優劣を判明させておいたほうが，闘争の繰返しを避けることができます．一度優劣が決まったら，それ以降は劣位な個体が優位な個体に譲るというように振る舞えば，集団内の秩序は保たれます．そのため，他者を間違えずに識別し，地位にあった行動をとることが群れや集団で生活するうえで重要となり，多くの動物にはそのような能力が備わっていることがわかります．

4.6 立場によって振舞いを変える脳のメカニズム

ニホンザルにもヒトに類似した上下関係があることが知られています．ニホンザルの群れにはボスザルがいて，それを頂点としたピラミッド型の社会が構成されています．そしてサルたちは，地位に応じて行動を切り替えるとされています．たとえば，サルの目の前に大好物のサツマイモが転がっているとします．このとき，周りにほかのサルがいなければ躊躇せず大好きなサツマイモを食べることができるのですが，その場にそのサルよりも上位のサルがいたときにはサツマイモに目を向けることはあっても，手をのばすことはありません．差入れのお菓子などが目の前にあっても，自分よりも立場が上の人が食べはじめるまで，手を出しづらいと感じるのと同じように，サルの世界では他者の存在によって行動が大きく制限される様子がよくみられます（Delgado *et al.*, 1975）．お菓子が置いてあって，周りの誰にも見られていないことを確認すると，こっそりつまみ食いするかのように，サルも上位のサルがサツマイモに注意を払っていないとわかれば，さっさとそれを手にとって逃げていきます．

この現象は，実験室でも再現することができます．2頭のサルを同じテーブルに座らせ，その中央にエサを1つ置くと，激しい争いが起こります．最初のうちはどちらもわれ先にとエサを取ろうと躍起になっているのですが，これを繰り返していくと一方のサルがエサを取ることを遠慮するようになります．自主的にエサを取ることを辞めるようになった時点で，両者の上下関係が決まります．諦めたほうが下位のサルとなり，いったん一方が諦めると，この上下関係は長期間維持されます．

理化学研究所の藤井直敬らのグループは，サルが他者との上下関係を理解し文脈にそった適切な行動をする際の脳活動を調べています（Fujii *et al.*,

第4章　他者との関係を認識する

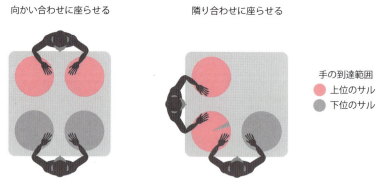

図 4.3　エサ取り課題時にサルを座らせる位置
Fujii *et al.*（2007）を参考に作成.

2007）．2 頭のサルを向かい合わせに座らせてテーブルの上にエサを置くと，それぞれのサルの手の到達範囲が重なることがないので争うことなく，手の届く空間に置かれたエサを獲得します（図 4.3）．サルをテーブルの角を挟んで隣り合わせに座らせた場合，両者の手がとどく範囲にエサを置くと争いが起こります．実験では，「競争することなくエサを得られる場合」と「エサを取るためにお互いが競争する場合」の 2 つのシチュエーションを用いて，頭頂葉の頭頂間溝周辺や前頭葉の前頭前野における神経細胞の活動を記録しました．

すると，お互いに競争しない場合には，たとえ隣に別のサルがいても 1 頭だけでいるときと同じように行動し，同時に記録した頭頂葉の神経細胞も，自分の行動を中心に反応していました．しかし，エサをめぐる競争が生じるシチュエーションでは，自分の行動だけにしか反応しなかった頭頂葉の神経細胞が瞬時に動きを変えて，自分ではなく他人の行動にも反応するようになりました．このとき，上位のサルでは他者が自分の身体空間の中に入ってくると前頭前野の神経活動が上昇し，下位のサルでは逆にその活動が低下することもわかりました．前頭前野は物事の計画を立てそれを実行する機能を担うといわれている部位です．この研究により，前頭前野は頭頂葉のように瞬時に起こる個別の運動に対して反応するというよりも，実験時の文脈やルールそのものを表現しているということがわかりました（藤井，2009）．

面白いことに，サルに道具を持たせて向かい合わせに座らせると，到達範囲

が重なるようになるとともに，他者への反応が増加するようになります．そして下位のサルであっても認知空間が広がるようになるということも報告されています．このように，脳は変化する文脈に応じて活動のさせかたを変えることによって，個体の行動を柔軟に変化させることができるようです．

4.7 情動を伝えるボディランゲージ

仲間が不機嫌そうな顔をしていれば近づくのをためらい，機嫌がよさそうであれば気軽に話しかけたり頼みごとを切り出したりできるでしょう．悲しい顔をしていれば優しく励ましの言葉をかけようとします．こうした表情を読み取れず，相手の内的な状態に反する行動をとってしまうと，いわゆる「空気が読めない」と煙たがられてしまいます．社会生活を行う動物にとって，適切な社会行動をとるためには，他個体の表情を認識し，内的な情報を読み取ることが不可欠です．

哺乳類では，姿勢や口角の状態や毛の立ち具合など目に見えるような情報が個体の情動状態を示します．小さなマウスやラットでも痛みや苦痛を感じると，その強さに応じて，目を細める，鼻や頬が膨らむ，耳の角度が変わる，ひげが逆立つなど，細かく表情が変わることがわかってきました（Langford *et al.*, 2010; Sotocinal *et al.*, 2011）．図4.4に，イヌ科の動物の表情とその情動状態の関係を記載しました（Fox, 1970）．直立し，尾を高く上げ，頭部をしっかりと高く保ち，耳を立て犬歯をむき出しにするのは攻撃のサインです．それに対して，尻込みをして，上半身を低く，見上げるような姿勢をとり，耳を後ろに引くのは，恐怖や不安そして退却のサインです．お辞儀をするように身体の前を低くし，尾を高く上げて大きく降っているときには"プレイバウ"といって，相手を遊びに誘っているときのポーズです．伏せる，あるいは仰向けになり腹部を見せるサインは，相手が優位な行動を示したときの攻撃回避や，相手の緊張を低下させるような服従の意味をもちます．

表情の表し方は，動物の種を超えて共通する部分があります．たとえば，攻撃性を示すときや，威嚇するときには，自分の身体を大きく見せようとします．また，低くて長い音声は身体の大きさを示すときに使われます．一方，高くて

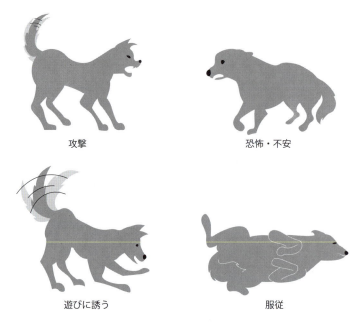

図 4.4　イヌ科の動物のボディランゲージ

短い音声は要求や喜びのときに使われます．

　このように，姿勢，顔の表情，目の動きのような手がかりを通して，送り手の感情，意図，注意，内的状態が相手に伝わることがあります．このとき，送り手が無意識に情報伝達の意図をもたずにサインを出すこともあるため，メッセージの内容や意味は受け手の解釈に依存するともいえます．

4.8　匂いで伝わるピンチ

　なんとなく怪しい，なんとなく疑わしいことを日本語で「胡散臭い」と匂いを表す言葉で表現しますが，実際に相手の感情を匂いで知覚できるのでしょうか？　そもそも，私たちは感情を匂いで表現することができるのでしょうか？　スカンクが他の動物を威嚇するために，強烈な匂いを出すことは有名でしょう．ちなみに，この悪臭はおならではなく，肛門の両側にある肛門嚢から発される分泌液によるもので，その成分はタンパク質と強く結合するため，皮膚や

毛髪に付着した場合，そのニンニクのような匂いを払拭することはしばらく困難だといわれています．身近な日本の動物では，クサガメ（*Mauremys reevesii*）も外敵から身を守るため，四肢の付け根にある臭腺から生ゴミのようにくさい匂いを出します．そのため，"草"ではなく，臭い亀という意味で"臭亀（くさがめ）"と名づけられています．このように，スカンクやクサガメは外敵に対して威嚇するために匂いを利用することがあります．

　一方，危険が迫ったときにその情報を仲間に匂いで知らせる動物もいます．ミツバチ，アリなどの社会性昆虫や，アブラムシやカメムシのように集団生活をする昆虫では，自分の巣や生活空間が侵入者により脅かされた場合や，攻撃を受けた場合など危機的な状況下におかれると特有の匂い物質を放出します．この匂い物質は他個体の逃避行動を誘導します．これを警報フェロモンといい，哺乳類でも，電気ショックのような強いストレスをラット与えると肛門周囲部から匂い物質が放出され，これが他のラット個体の体温上昇や緊張性行動を誘発することがわかっています（Kikusui *et al.*, 2001）．最近の研究では，ヒトの恐怖や嫌悪感情が汗の匂いに表出し，他者の表情を変えることもわかってきました．オランダのユトレヒト大学の de Groot らは，恐怖を感じる映画を観たヒトの汗を集め，作業をしている実験参加者にその匂いをさらす実験を行いました．すると，恐怖を感じさせるホラー映画（『シャイニング』という1980年の映画だそうです）を観たヒトの匂いにさらされた実験参加者は，恐怖を示す表情をみせ，鼻をくんくんとさせて匂いを確認し，目をキョロキョロと動かすようになりました（de Groot *et al.*, 2012）．ヒトを含め動物は匂いやフェロモンを介して他個体に危険を伝えることで，仲間が生き残る可能性を上げ環境に適応してきたと考えられます．今のところ，相手の恐怖を誘発させる匂い物質の同定には至っておらず，その神経伝達経路についても明らかになっていません．匂いは自分の意思でコントロールできず，意図せず出てきてしまうものです．怖いものに対して平気な顔でやせ我慢していても，匂いで嗅ぎ透かされている可能性はおおいにあります．ピンチはチャンスというように，相手に素直に危険を知らせてあげるのも一理あるのかもしれません．

4.9 表情を読む動物

4.9.1 ヒトの表情を読むイヌ

　先に書いたように，イヌ（*Canis lupus familiaris*）も顔や身体を使って情動を示すことがわかっています．では，イヌは飼い主の情動を理解しているのでしょうか．飼い主の笑った顔，怒った顔を見分けているのでしょうか．麻布大学の永澤美保らは，イヌが飼い主の表情を見分けているのかどうかを調べています（Nagasawa *et al*., 2011）．実験では，イヌに2枚の写真を見せます．笑顔の飼い主の写真と，無表情の飼い主の写真です．写真を鼻先で触れるとエサを与えるようにすると，次第にイヌは飼い主の笑顔の写真を選ぶようになります．このトレーニングが終わったのち，帽子をかぶったり，メガネをかけたりなど，普段イヌが見かけないような格好をした飼い主の笑顔の写真と無表情の写真を見せます．すると，イヌは飼い主がそのような格好をした場合でも，笑顔の写真を選択し，飼い主の顔を弁別できることがわかりました．また，飼い主ではなく，見知らぬ人の写真で同様に笑顔の写真と無表情の写真を選ばせてみると，飼い主と同性の写真のときは笑顔の写真を選択しました．一方，飼い主とは異性の写真の場合は笑顔を選ぶ割合が低下することがわかりました．このことから，イヌは飼い主との生活のなかで，表情の区別を学んでいることがわかります．

　では，イヌはヒトの顔のどこに着目して，表情を識別しているのでしょうか．ウィーン獣医大学のMüllerらのグループでは，さまざまな人の笑顔や怒っているときの口元や目元の写真を用意し，イヌがそれを区別できるか検証しています（Müller *et al*., 2015）．この実験では，笑顔の写真を選べばエサがもらえるグループと，怒っている顔の写真を選べばエサがもらえるグループの2つに分け，顔の上半分か下半分しか写っていない写真をイヌに見せます．すると，どのグループも口元，目元だけで判断し，ほとんど完璧に正解することができました．面白いことに，笑顔の選択を担当するイヌは早く写真を選択するのに対し，怒った顔を選ぶイヌたちは，正解はするものの選択のスピードが遅く，しぶしぶといったように写真を選択します．笑った顔の先には良いことが

あるけれど，怒った顔に近づいても良いことは何もないことをイヌがわかっているようです．イヌとの日常生活を振り返ってみれば，飼い主は機嫌が良いとイヌをかわいがったり，特別なおやつをあげたりすることが多くなり，不機嫌なときはイヌを無視したり叱ったり冷たく当たったりしていたのかもしれません．ヒトと日常生活をともにするイヌにも，ヒトの気持ちを察する能力が備わっているようです．

4.9.2　表情を読むサル

　サルも，顔からさまざまな情報を読み取っていることが知られています．ニホンザルでは，写真を使って他者のさまざまな表情を見分けることができるか調べられています．その研究では，サルに表情の"見本見合わせ訓練"を行うことで実証されてきました．見本見合わせ訓練とは，1枚の写真が見本として提示され，サルがそれに触れると2枚の写真が提示されます．2枚のうち1枚は見本と同じ写真で，もう1枚は違う写真です．サルの顔写真20枚を用いて，この訓練を行うと，ニホンザルにとって見分けやすい表情と，見分けられない表情がわかってきて，最終的に，ニホンザルが写真で見分けられる表情のカテゴリーが明らかになりました．歯をむき出しにした泣きっ面の表情，威嚇の表情，緊張した表情，平静な表情です．表情の出し方を物理的に分析したところ，眉間や額の上がり下がりと，口の突出具合で，このカテゴリーがよく説明されることがわかりました．つまり，サルは顔のなかでもとくに眉部と口部を手がかりにして，表情を見分けているといえます．

　この研究を発表した日本女子大学の金沢 創は，ニホンザルがヒトの表情も弁別できるか調べています（Kanazawa, 1998）．すると，ニホンザルは，ヒトの表情の笑顔を他の表情と区別することはできましたが，泣き顔と怒った顔は区別できないことが示されました．ヒトの泣き顔と怒った顔の違いは眉の傾きにありますが，サルがヒトの顔を見た場合，眉による表情の認知メカニズムは利用されていないと考えられています．

4.10 他者の表情を理解する脳のメカニズム

悲しい顔にも，怒った顔にも，笑った顔にも，なんらかの理由があります．イヌやサルが他者の表情を見分けていることはわかりましたが，他者の表情がなぜひき起こされたのかを知るメカニズムはどうなっているのでしょうか．表情がもつ意味は，事前の振舞いや過去の履歴，社会的な地位などの身の回りの状況によって変化することは想像できます．たとえば，目と口を見開いた表情のもつ意味は，怒られたことによる恐怖なのかもしれませんし，嬉しいサプライズのあとの驚きと喜びを表しているのかもしれません．表情のもつ意味は，見る人が事前にどのような文脈情報を知っているかによって変化します．そして，こうした文脈に依存した表情の認知は，脳の一部の領域だけが担当するのではなく，脳全体のネットワークが関与している可能性があることがわかってきました．

ニホンザルにECoG (electrocorticography) 電極を導入し，他のサルがまた別のサルに威嚇されている様子を観察しているときの神経活動を広範囲にわたる大脳皮質から記録した研究があります (Chao *et al.*, 2015)．ECoGとは大脳皮質の表面にペタリと置くシート型の電極で，自由に活動するサルの脳の広範囲から同時に信号をとり，記録することができます (図 4.5)．この研究では，サルの目の前に置かれたスクリーンに，「別のサルBがサルAを威嚇している様子」，「ヒトがサルAを威嚇している様子」や，「サルAの隣に誰もいない様子」を提示し，サルAが威嚇されているという文脈情報を提示します．その後，「威嚇されていたサルAが恐怖におびえている様子」，「何事もないかのような平静なサルAの様子」といった情動情報を見せて，ECoG電極を導入された被験体のサルが画面を見てどのような反応を示すのかを観察しました．シチュエーションの組合せは全部で6通りです．3頭のサルで画面を見る眼球運動のパターンを調べてみたところ，被験体のサルたちは共通して，「誰もいないのにサルAがおびえる」というシチュエーションよりも，「サルAが別のサルやヒトに威嚇されておびえる」というシチュエーションを提示したときのほうが，スクリーンをじっと見つめるようになりました．

このような社会的刺激に対して，たくさんの領域における神経活動の情報を

4.10 他者の表情を理解する脳のメカニズム

図 4.5　ECoG 電極
提供：理化学研究所 脳科学総合研究センター 高次脳機能分子解析チーム 小松三佐子.

解析して，脳領域間のネットワークを可視化しました．その結果，視覚情報を処理するネットワーク構造として，頭頂葉内から前頭前野に情報が伝わる"ボトム・アップ型"と，前頭前野から側頭葉へ向かう"トップ・ダウン型"のネットワークがあることがわかりました．一般的に，視覚情報の処理経路においては，網膜から始まり，後頭葉，側頭葉，頭頂葉を経て前頭葉にのぼっていく流れをボトム・アップ型情報処理とよび，頭頂葉からそれぞれの連合野へと伝わることをトップ・ダウン型情報処理といいます．

　どの条件の，どの時間帯，どの周波数帯で脳部位間の情報の流れに違いがあるのかを示す差分を計算し，6 通りのシチュエーションを比較した結果，「威嚇されたか，されなかったか」という文脈情報の区別や，「おびえたか，おびえなかったか」という情動情報の区別には側頭・頭頂連合野から前頭前野に向かうボトム・アップ型の流れが関与していることがわかりました．一方，文脈情報と情動情報の組合せによって 6 つの文脈を俯瞰しはっきりと区別するときには，前頭前野から側頭葉に向かうトップ・ダウン型の流れが関与していることもわかりました．このようなネットワークレベルの解析により，情報の統合と修飾処理は，トップ・ダウン型の情報処理によって行われていることが明らかになっています．

4.11 他者との公平性を認知する

　自分に直接関わることでなくても，誰かに優しく接している人を見ると好感を抱き，だれかをいじめる人を見ると怒りや嫌悪感を抱きます．人は子どもの頃から，このような第三者どうしのやり取りに対して感情をもち，その人物に対する反応を変える能力が備わっています．たとえば，だれかが机に置いた物を奪ったり壊したりする大人と，だれかが落として壊れた物を直してくれる大人の演技を 3 歳児に見せます．その後，中立の立場の大人とこれらの演者の一方を対面させ，ゲームに必要なボールを渡すように子どもに指示すると，子どもは他人の物を奪ったり壊したりした大人を避けて，中立の大人に対してボールを渡すようになります（Vaish *et al.*, 2010）．

　また紙芝居のような劇で，坂道を登ろうとしているキャラクターを助けるキャラクターと，邪魔をするキャラクターを見せたのち（図 4.6），6 カ月の赤ちゃんがどちらのキャラクターを好むか調べた研究もあります（Hamlin *et al.*, 2007）．

　言葉を喋れないわずか 6 カ月の赤ちゃんの好みとは，いったいどのように調べれば良いのでしょうか．この研究では，劇のやりとりを 6 カ月児がどのように認識しているかを調べるために，2 つの方法で実験を行っています．

　1 つ目は，"選択法" というもので，赤ちゃんは好きなものに手を伸ばすと

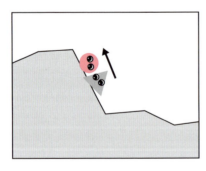 

図 4.6　Hamlin らが用いた劇の一例
　　　　円形のキャラクターが坂道を登ろうとしているのを，三角のキャラクターは援助，四角のキャラクターは妨害します．

いう性質を利用しました．実験では，劇を観せたのちに，助けるキャラクターと邪魔者キャラクターのおもちゃを赤ちゃんに提示して，どちらを先に手に取るかを調べました．すると，6カ月の赤ちゃんも，10カ月の赤ちゃんも，助けるキャラクターのほうを手にとりました．

2つ目は，"期待違反法"とよばれるもので，赤ちゃんや動物は予期せぬ出来事をより長く見るという性質を利用しています．たとえば，いかつい風貌の人が小さなチワワなどを散歩させているのを見たら，大抵の方は驚いて思わずじっと見つめてしまうのではないでしょうか．この実験では，赤ちゃんが劇を観たのちに，主人公のキャラクターが，助けるキャラクターの方へ近づいているのを見ても驚きませんでしたが，主人公が邪魔者のキャラクターへ近づいたときには，その様子をより長く見ていました．これは，予想外のことが起こったので赤ちゃんが驚いたためと解釈できます．

すでに6カ月の赤ちゃんでさえ，助けてくれるキャラクターを好むということは，ヒトは生まれつき自分のみならず他者を助けてくれる者を好む傾向をもっているといえるでしょう．

4.12　サルも公平性を認知する

このように自分の利害に無関係な第三者どうしのやり取りを観察して，感情を抱くのはヒトだけなのでしょうか．これまで，霊長類では自分と他者との関係が平等かどうかにとても敏感であることが知られていました．フサオマキザル（*Cebus apella*）を用いた研究では，同じ課題をこなした2頭のサルに，平等でない報酬（キュウリかブドウ）を与え続けると，キュウリしか与えられなかったサルは不服を示すことが報告されています（Brosnan and De Waal, 2003）．キュウリしかもらえなかったサルはもう1頭が好物のブドウをもらっているのを見ると，怒ってキュウリを実験者に投げ返したり，囲いをつかんで揺さぶったりと，不満を爆発させているかのような行動を示します．とてもコミカルなので，ぜひ一度ご覧ください（Capuchin monkey reject unequal pay: https://youtu.be/lKhAd0Tyny0）．

このような行動を示すフサオマキザルと，実験動物として注目されている小

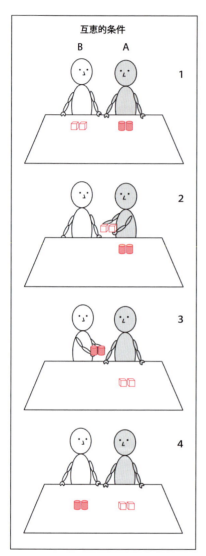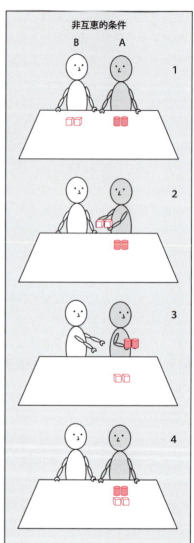

図 4.7 マーモセットに提示した互恵的条件（a）と非互恵的条件（b）
Yasue *et al.* (2015) より.

図 4.8　マーモセットの親仔

型の霊長類，コモンマーモセット（*Callithrix jacchus*, 以下マーモセット）は第三者の公平性を評価する能力をもっています（Anderson *et al.*, 2013a; Anderson *et al.*, 2013b; Kawai *et al.*, 2014）．マーモセットを用いた研究では，2人の人物が食べ物を交換する演技をマーモセットの前で見せました．そして，お互いが食べ物を交換する互恵的な条件と，一方が食べ物を渡してももう一方が交換に応じない非互恵的な条件の演技をマーモセットに見せます（図 4.7）．その後，2人の演技者が同時にマーモセットにエサを差し出し，マーモセットがどちらからエサを受け取るかを調べると，互恵的条件では2人の人物から同じ割合でエサを受け取り，非互恵的条件では交換に応じなかった非互恵的な人物からエサを受け取る割合が低くなることがわかりました．それに対して，バルプロ酸（valproic acid: VPA）を妊娠中の母マーモセットに投与して生まれてくる自閉症モデルのマーモセットを用いて同様の実験を行うと，非互恵的な人物と互恵的な人物を区別せず，2人の人物から同じ割合でエサを受け取りました（Yasue *et al.*, 2015）．

　マーモセットは，一度に2, 3頭の赤ちゃんを出産し，どちらの赤ちゃんも両親から平等にケアされる動物です（図 4.8）．子育てを成功させるためには平等に食べ物が分け与えられる必要があるため，マーモセットは他者の公平性をモニターする能力が長けていると考えられます．他者との公平性を察する能力は，他者を助けることや他者に対して積極的な行動を示すような向社会的な

動物の性質によって獲得されたのかもしれません.

4.13 自閉症児における表情への反応

他者の顔には表情や視線など，相手の心的状態を読み取るのに有効な手がかりが表れてきます．そのため，相手の顔に注意を向けることはコミュニケーションを円滑にするために大切なことです．

目が合いにくい，相手の顔を見ないというのは，自閉症者に特徴的な症状のひとつです．自閉症者は，そもそも積極的に他者の顔へ注意を向けていないため，他者の気持ちの読取りに困難を示すと考えられています．他者の顔に対する注意と，物に対する注意を，自閉症児と定型発達児との間で比較した研究があります（Kikuchi et al., 2009）．顔や物が複数配置された写真を2種類用意し，交互に提示し続けます．2種類の写真の間には"間違い探し"のように1カ所だけ違っている部分があり，顔が別の人の顔に入れ替わっていたり，物が別の物に入れ替わっていたりします．参加者には，どこに違いがあったかを当ててもらいます．この実験の結果，定型発達児は顔の変化を物の変化よりも素早く正確に検出することが確認されましたが，自閉症児は顔の変化と物の変化を同じくらいの早さで検出することがわかりました．つまり，自閉症児は，顔と物に同じ程度の注意を向けていることが示唆されています．この結果は，日常場面でも，顔に対して特別な注意を向けていないという自閉症の特徴と一致しているといえます．

また，定型発達者は他者の顔を眺めるとき，両目と口に視線を向けることが多く，両目と口を結んだ三角形に対して視線が動くことがわかっています．一方，自閉症者は，他者の目を注視することが少なく，三角形状の注視行動が見られにくい傾向にあります（Pelphrey et al., 2002）．他の研究でも，自閉症者は，定型発達者と比べて顔への注視の維持が弱いこと，そしてそれが他者の目に積極的に注意を向ける傾向が弱いことと関連していることを示しています（Kikuchi et al., 2011）．また，事象関連電位法により脳の活動を測定すると，定型発達児は顔刺激に対して反応するときのほうが，物による刺激に反応するときよりも強い脳活動を示しますが，自閉症児ではそのよう傾向はみられませ

ん．このことから，自閉症児と定型発達児の間で，顔への注意の背景となる脳機能に違いがみられることが予測されています．

▶▶▶ Q & A ◀◀◀

Q 危険が迫ったときに匂いでピンチを伝えるネズミの匂いを商品化すれば，ネズミを寄せ付けないものができて，飲食店などで喜ばれそうな気がします．商品化できそうでしょうか．

A そもそもネズミが先天的に嫌いなネコなどの匂いを配合し，寄せ付けないようにする忌避剤などが効果的だといわれていて，すでに商品化されています．ネズミが出す警報フェロモンを配合した忌避剤があれば，ヒトが感じてしまう匂いを含まないものを商品化できそうで，飲食店などでより喜ばれそうですね．

警報フェロモンを配合したネズミの忌避剤はまだ商品化されていないようですが，カナダの研究グループでは，オスのドブネズミの性フェロモンを特定して，それでメスをおびき寄せて捕獲する方法を発表しています（Takács *et al.*, 2016）．野生のドブネズミを使ってフィールド実験を行った結果，人工的にそれらの化合物を混合した性フェロモンを仕掛けたネズミ捕りにはメスのドブネズミが32匹捕まり，3匹に終わった通常のネズミ捕りよりも10倍も効果があったそうです．ただし，フェロモンの応用はネズミの種類によって効果が異なることがあるため，ネズミの種類を特定して対策する必要がありそうです．

Q 恐怖を感じたヒトの汗の臭いを嗅がせたら，恐怖を示す表情と挙動があったそうですが，"怖い"という感情は抱いたのでしょうか．

A de Grootらの研究では，"怖い"という感情を感じたかどうかを知るようなアンケートを行っていないので，実際に本人がどのように感じていたかはわかりません．その代わり，前頭筋という眉毛を引き上げて額に皺をつくる筋肉の動きや，鼻呼吸の強さ，目のキョロキョロ具合について，それぞれ測定装置を用いて客観的に調べています．

他の研究では，恐怖を感じたヒトの汗の臭いを嗅がせたあと，実験参加者に他人の写真を見せると，曖昧な表情をしている顔が恐怖の顔に見えるようになることが報告されています（Rubin *et al.*, 2012）．

第4章　他者との関係を認識する

　ニホンザルなど眉がはっきりしていないサルよりも，クロザルのように眉がはっきりしているサルでは，眉が表情を用いたコミュニケーションにおいて重要になるのでしょうか．

　モアイ像のような濃い顔立ちをしているクロザル（*Macaca nigra*）にとって，眉がコミュニケーションにおいてどれくらい重要なのかは不明ですが，群れを平和に維持し続ける秘訣は顔を巧みに使ったコミュニケーションにあるといわれています．

　いかつい顔をしているので，口をニッと横に開いて笑ったような表情をすると殺し屋がニカッとしたようで怖く見えますが，クロザルたちにとっては仲間への"あいさつ"を意味しています．口をパクパクさせるのは"愛情"の表現です．歯茎をむき出しにするのは"怒り"など，彼らは人顔負けの豊かな表情を使って，仲間と互いの気持ちを伝えあっています．

　クロザルはインドネシアのスラウェシ島で50匹ほどの大きな群れをつくって暮らしていますが，顔によるコミュニケーションのお陰で，仲間どうしで暴力を振るうことは少なく，群れの中では大きな争いごとは滅多に起こらないといわれています．

サルの自撮りに著作権はある？

　クロザルといえば，2014年に"自撮りをするサル"として脚光を浴びました．歯を見せて笑っているように見えるクロザルの自撮り写真がインターネット上を駆け巡り，動物が撮影した写真の著作権は誰にあるのか論争となったのです．

　ことの始まりは，イギリスのカメラマンが野生のクロザルの写真を撮影していたときでした．好奇心旺盛なメスのクロザル（Naruto という名前が付けられていました）がカメラに興味をもち，遊んでいる間にシャッターを押していたそうです．後日，写真を現像してみると，そこにはなんと自撮りをしているクロザルが何枚も映っているではありませんか．

　その写真が口コミで広まっていきますが，ヒト以外の動物による作品に著作権は発生するのかと問題になりました．カメラマンは「シャッターボタンを押したのはサルだが，お膳立てをしたのは私だ」ということで，この写真の著作権は自分にあると主張していました．しかし，Wikimedia 財団が，このカメラマンに著作権があることに同意せず，

ウィキペディア・コモンズにアップデート．動物愛護団体には，「著作権はカメラを操作した Naruto にある」と主張され，カメラマンが訴えられたこともありました．最終的に，アメリカの著作権庁がヒト以外の動物による作品は著作権の対象にならないと宣言しています．結局，撮影したクロザルも，カメラを使われただけのカメラマンも著作者とはならないということで決着がつきました．本書にもクロザルの自撮り写真を掲載したいところなのですが，カメラマンが気の毒なので控えさせていただきます（https://ja.wikipedia.org/wiki/ サルの自撮り）．

Q 自閉症児は顔への注視の維持が弱いとのこと．この症状はリハビリテーションなどにより治療は可能ですか．

A 自閉症児は自発的に他者の顔に注意を向ける傾向が弱いといわれていますが，相手の目や口など特定の部分を見るように明確な指示を出すと，自閉症者も定型発達者と同様に，表情の模倣をみせることが報告されています（Magnée *et al.*, 2007）．

自閉症の症状を療育する場合には，"指示する" → "実行する" → "ほめる" というサイクルを確立することが大切と考えられています（平岩，2012）．わかりやすくて単純な内容の支持を出すことと，ほめるときには子どもがわかるようにほめることがポイントだそうです．自閉症を抱えている子どもたちは，相手の顔の表情や声のトーン，身振り手振りを理解することが苦手であることが多いので，最初はほめられていることがわからないことがあります．そのため，ほめられていることがわかるまで，ごほうびとして食べ物やおもちゃをあげたりしながら，子どもと目線の高さをそろえてオーバーにほめることを続けていきます．子どもの表情が明るくなれば，その瞬間に「ほめられたことがわかった」と理解できるでしょう．

"顔への注視"も，実行できたことをほめていくことにより，徐々に他者の顔を見るようになっていくかもしれません．一般的に，自閉症は早期診断，そして早期療育をスタートさせることによって，生活面において適切な対応ができるように症状を改善することができるといわれています．

5 他者の動きから心を読む

5.1 他者の動きを理解する

　私たちは他者と関わるとき，相手が何を思っているのか，何を意図しているかをだいたい予測することができます．ペットボトルの上部に手を置いてひねっている様子を見たら，「キャップを開けて飲み物を飲もうとしている」と推測するでしょう．相手がやたらと自分のことをほめてきたら，「何か裏があるのでは」と勘ぐってしまうこともあるでしょう．

　脳には，他者の動きを見て次の動作を予期する能力が備わっています．多くの人は他者が食べ物を手で口に運ぶ場面を見たとき，その他者の手が口に到達する前に，自分自身の口まわりの筋肉の筋電位に変化が起こることが報告されています（Cattaneo et al., 2007）．他者が食べ物を口に運ぶ動きから，次に口を開けるという動きを予期することで，自分の口まわりの筋肉にも反応がひき起こされるわけです．もちろん，自分自身が手に持った食べ物を口に向かって運ぶ際も，食べ物が自分の口に到達する前から口が開きはじめます．つまり，動作をしているのが自分であれ他者であれ，次の動きを自動的に予期するはたらきをもっているため，自分の筋肉に反応が起こるのです．

　手の動きに限らず，他者の表情を見ると，ついそれと同じ表情をしてしまうことがあります．たとえば，映画などで拷問を受け苦痛な表情を浮かべている俳優を見ると，つい自分の顔も歪めてしまうことがあると思います．意識していなくてもまねをしてしまうこの反応は，無意識的模倣（automatic imitation）

やカメレオン効果（cameleon effect）といわれている現象です．あくびの伝染なども無意識模倣の有名な例です（Lehmann, 1979）．

　さまざまな表情をしている他者の写真を観察しているヒトの表情筋の動きを表情筋筋電図によって測定した研究があります（Dimberg, 1982）．幸せな表情を見ているヒトは，顔面の頬の筋肉が活動し，快情動を示す動きをみせます．一方，怒りの表情を見ていると眉間に皺を寄せるはたらきをする皺眉筋（すうびきんとも読む）が活動し，怒りの表情のような不快な表情をみせることがわかりました．このとき，意図的に表情を抑制しようと思っていたとしても，顔面筋を測定すると筋の動きが観察されたと報告されています．表情を見るとほぼ1秒以内につい模倣が起こってしまうということは，表情を示した相手の身になって表情をシミュレーションすることで相手の気持ちを理解することを，実際にヒトが行っていることを示しています．

　他者の運動や表情を理解しようとする能力は，目には見えない他者の意図を推測したり，他人に共感したりする能力へと発達します．つまり，人が他者の感情を理解するときには，「他人の靴に自分の足を入れるように」他者の心になりきって自分の心を媒介として追体験し，共感的に理解していると考えられています．第5章では，この他者の動作のシミュレーションを担っている脳の機能を紹介しましょう．

5.2　サルで発見されたミラーニューロン

　誰かが怪我をするところを見ると，私たちは「痛い！」と自分も同じように痛みを感じ，顔を歪めます．いろんな引き出しをひっきりなしに開けたり締めたりしている人を見ると「探しものでもしているのかな」と思い，手助けすることもあるでしょう．脳には，他者の動きを見極めて，その意図や目的を見抜く能力があります．こうした感覚や行動のレベルで自分と他者の同調を担っているメカニズムの候補のひとつとして，ミラーニューロン（mirror neuron）とよばれるものがあります．ミラーニューロンは，サル（マカクザル）の研究をしていたイタリアのパルマ大学のRizzolattiらの研究室で偶然発見されました．サルの脳の腹側運動前野（F5）に電極を置いて実験していたところ，た

第 5 章　他者の動きから心を読む

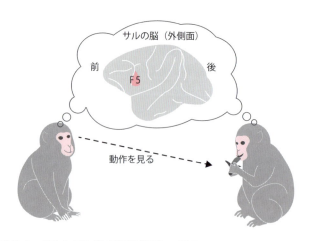

図 5.1　サルの F5（腹側運動前野）で発見されたミラーニューロン

またま大学院生がアイスを食べようとするのをサルが見ていました．すると，サル自身は動いていないのに他者の動きを見ているだけで，電極が置かれた腹側運動前野が反応を示したのです．もともと腹側運動前野の F5 は，物をつまんだり握ったりなどいろいろな手や指の運動のパターンに関連する神経細胞がたくさんあり，さまざまな手の動きを選択し運動として出力する役割があると推測されていました（Rizzolatti *et al.*, 1988）．しかし，彼らの発見により，自分がある行動をするときと同じように，他者が同じ意図をもった行動をしているところを見ているときにも反応していることがわかったのです．それはまるで鏡のように相手の運動を自分の頭のなかでまねしている神経ということで，"ミラーニューロン"と名づけられました（Gallese *et al.*, 1996; Rizzolatti *et al.*, 1996）（図 5.1）．このシステムは意識的に起こるわけではなく，あえて努力をしなくても自動的に起こり，その行動を誰が行ってもそれを目にすることでミラーニューロンは同じように反応します．そして，ほとんどのミラーニューロンは運動の種類に応じて活動し，ある特定の運動に対して反応する神経細胞は他の種類の運動を観察しても活動がみられないことがわかっています（Rizzolatti, 2005）．この発見により，自分の脳内で他者の行為をまねしシミュレートすることが，他者の行動の意図や目的を理解する能力の基礎となっている可能性が考えられるようになりました．そして，ミラー

ニューロンの発見は，バラバラだった他者と自己をつなぎ社会性を支える神経基盤のヒントとして，多くの研究者を刺激しました．

5.3 ヒトのミラーニューロン

　サルで発見されたミラーニューロンですが，ヒトの脳にもミラーニューロンは存在しています．ヒトの脳を細胞単位で研究することは難しいのですが，fMRIなど脳機能イメージング研究により，ミラーニューロンの研究が盛んに進められています．ミラーニューロンが記録されたサルのF5は，ヒトのブローカ野といわれる部位に相当します（図5.2）．前頭葉の下前頭回後部に存在しているブローカ野は以前から，発話に必要な舌，唇，喉の動きを制御するとともに，文の理解に必要な情報処理に関わることが知られている領域です．ヒトのブローカ野も，他者の指の運動を観察したときや，その運動を模倣して動かすときに活性化することが示されています（Iacoboni et al., 1999）．このことから，ヒトの言語の進化はミラーニューロンによって相手の身振り手振りをまねることから始まり，次第に声もまねすることで複雑な言語コミュニケーションができるようになったのではないかと推測されています．

　また，他人がペンやコップに手を伸ばしてつかもうとする動画を実験参加者に見せると，参加者は手を動かしていないのにもかかわらず，運動前野や頭頂葉などで脳活動がみられることがわかりました（Ohnishi et al., 2004）．他の研究からも，実験参加者が実際に行動するときにも，他者の行動を観察するときにも同じように活動を示す脳の領域がヒトの運動前野，一次運動野，上頭頂小葉や下頭頂小葉でみられることが報告されています（Decety et al., 1997; Hari et al., 1998; Iacoboni et al., 1999）．したがって，前頭葉と側頭葉がヒトのミラーニューロンシステムを担っていると考えられています．

　さらに，運動の表現だけでなく，"痛み"などの感覚の表現にもミラーニューロンシステムが関与していることが明らかになっています．たとえば，自分の足が触られているときも，他者の足が触られるのを見たときも，二次体性感覚野が活動します（Keysers et al., 2004）．二次体性感覚野は感覚野の一部なので，自分の足が触られたときに活動することは知られていました．他者の足

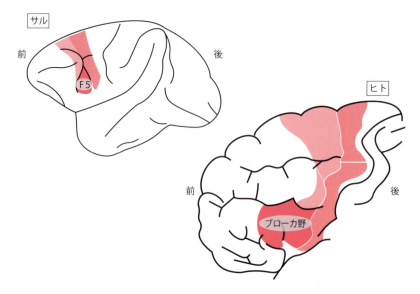

図5.2 サルのF5とヒトのブローカ野の対応関係
Rizzolatti and Arbib (1998) より.

が触られているのを見ているだけで活動するということは，他者の視覚情報が何らかのかたちで二次体性感覚野まで届いていると考えられます．また，同様の研究で一次体性感覚野も感覚のミラーニューロンシステムといえる活動を示すことが報告されています (Blakemore *et al.*, 2005)．このような発見から，運動だけでなく感覚の処理においても，自己と他者をみることで脳内表現が一致もしくは共有されていると考えられてきました．

解説 F5と5野

　サルの腹側運動野であるF5にはミラーニューロンシステムが存在することを説明しました．そして，サルのF5はヒトのブローカ野に相当していて，ヒトにおいてもその部位にミラーニューロンシステムが存在することを紹介してきました．

　第2章では"5野"という領域が登場しました (2.2.4項) が，それはF5と同じものなのか，混乱してきた読者の方もいるかもしれません．第2章で紹介

した5野は，ブロードマンの脳地図に従って表記しています．位置としては，頭頂連合野の上頭頂小葉に存在しています（図）．

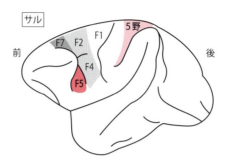

図　サルのF5と5野

　一方，F5はサルのブロードマンの脳地図では6野に含まれています（Rizzolatti and Luppino, 2001）．ブローカ野は，ヒトのブロードマンの脳地図によると44野と45野で表現されます．ブロードマンの脳地図で脳の場所を示すとき，英語の論文などでは，BA5やBA44，BA45など，番号のはじめに"Brodmann's Area"の略語（BA）を記載しています．

　Fを使った表記の仕方は，前頭葉にある運動野などをより詳細に調べるためにイタリアのRizzolattiらが中心に使用しはじめた分類です．Fは"Frontal lobe（前頭葉）"を意味しているといわれています．

　自己と他者の認識に関わる2つの領域を示す番号が同じだなんて，ややこしいかぎりですが，本書では，上頭頂小葉をブロードマンの脳地図で5野と記載し，腹側運動野をRizzolattiらと同じようにF5と示すことで統一しています．

5.4　ミラーニューロンシステムに関わる脳部位

　ミラーニューロンの関わる研究が数多く報告され，ミラーニューロンシステムが存在する脳領域や，それを活性化させる条件，機能的な意味などが明らかになりつつあります．それをまとめると，ミラーニューロンシステムが前頭葉と頭頂葉に集中していることがわかってきました．

　まず他者の動作の視覚的な情報は側頭葉の上側頭溝（1.2.7項参照）で処理

されます．上側頭溝は，他者の手や身体の運動を観察しているときに活性化されることが知られている部位です．ここで記録される神経細胞には，自身の運動の実行に関連する活動はみられません．

上側頭溝周辺の領域は頭頂葉の頭頂間溝の外側に広がるPFG野（図2.8参照）と結合があります．先に説明したように，PFG野は視覚刺激と体性感覚の両方に反応する多種感覚ニューロンが存在することが知られている領域です（第1章末のKey-Wordおよび，2.3.2項参照）．サルの研究では，他者の運動に関与するミラーニューロンが腹側運動前野（F5）のみに認められているだけでなく，このPFG野でも見つかっています．そして，PFG野のミラーニューロンも複数の感覚に反応する性質を併せ持っていることがわかりました．

PFG野のミラーニューロンは，他者の動作がもつ意図によって異なる反応を示します．サルに目の前にあるエサに手を伸ばして取らせたあと，自分の口へ持っていく課題と，エサ皿の隣にあるコップに置く課題を行わせた場合で，PFG野の活動を調べた実験があります（Ferrari *et al*., 2005）．すると，サルがエサに手を伸ばすときのPFG野のニューロンの反応は，次に行う動作によって異なることが示されました．目の前にいる他者の行動をサルに観察させた場合でも，実験者がその次に行う動作が，エサを口へ持っていくか，隣のコップに置くかによって異なるのです．つまり，PFG野には，自己や他者の意図の理解に関わるニューロンが存在すると考えられています．そして，PFG野で発見された意図によって異なる反応を示すミラーニューロンの活動は，他者の意図が，自己の脳内の同じ意図の表現に重なるように存在することを示しているのかもしれません．

腹側運動野のF5と頭頂葉のPFG野，PFG野と上側頭溝（STS）周辺の領域の間では，ニューロンの結合が認められており，これらのF5-PFG-STSの回路がサルにおけるミラーニューロンシステムとよばれています（Rizzolatti *et al*., 1998）．また，領野を広くとらえて，IFG-IPL-STS（下前頭回–下頭頂小葉–上側頭溝）ともいわれています（乾，2012）．

では，このサルのミラーニューロンシステムがヒトと解剖学的，生理学的に一致しているのでしょうか．先に説明したとおり，ヒトでは模倣や運動観察に

関連して，サルのF5に相当するブローカ野が活動します（Iacoboni et al., 1999）．ブローカ野は，ヒトにおける言語の表出に関与していますが，サルのF5も，手の運動のみならず，口の運動に関連するニューロンが記録されていて，口の動きに関するミラーニューロンがあることも示されています．

　ヒトとサルの頭頂葉の相同性については議論が分かれていますが，サルのPFG野はヒトの縁上回（下頭頂小葉を構成する部位，1.2.1項参照）に相当しているといわれています（村田，2005）．下頭頂小葉は他者の動作の観察や模倣で活動することが知られている領域です．また，第2章で説明したとおり，自他の区別にも関与すると考えられている部位です．下頭頂葉を損傷した症例では，モニターに映った手の動きが自分のものか他人のものか区別できなくなることを紹介しました（Sirigu et al., 1999）（2.2.5項参照）．また，fMRIを用いた研究では，他者が自己の模倣をしているのを観察しているときに，下頭頂小葉が強く活動することも明らかにされています（Meltzoff and Decety, 2003）．このことから，頭頂葉のミラーニューロンは，もともと運動制御の回路のなかで運動をモニターする役割をしていて，自己の動作だけでなく，他者の動作にも視覚的に反応すると考えられています（村田，2005）．

5.5　他者の感覚を共有するニューロン

　他者が他の誰かに身体を触られているのをみると，自分も同じ身体の部分を触られている感じがするというメカニズムについても明らかにされてきました．先に説明したとおり，他者が触られている様子を観察していると，体性感覚野の活動が上がることが知られています（Blakemore et al., 2005; Keysers et al., 2004）．まるで，自分の体性感覚の脳内マップを他者と共有しているかのように活動します．このことから，自己の身体と他者の身体が脳内で同一の神経細胞上に表現されているという説が提唱されています（村田，2009）．

　頭頂連合野の腹側頭頂間溝領域（VIP野，2.3.2項参照）に存在する"多種感覚ニューロン"が自己の身体と他者の身体を同一の神経細胞上に表現しているという報告もあります（Ishida et al., 2010）．先に説明したように，VIP

野には，自分の身体に触れたときにも，自分の身体の近くの空間に視覚情報を提示したときにも反応する多種感覚ニューロンが存在します（第1章末のKey-Word 参照）．近畿大学の村田 哲らのグループでは，サルを用いて，この領域のニューロンが他者の身体の部位にも反応するかどうかを調べています．まず，サルの目の前で実験者がサルの身体を触ったり，身体の50 cm 以内の位置に視覚刺激を出したりして，VIP 野のニューロンが視覚と体性感覚に反応する多種感覚ニューロンかどうか確認しました．そのあと実験者がサルに対面するように座って，実験者自身の身体に本人が触ったり，第三者が触ったり，そのすぐ近くに視覚刺激（先に白い球体がついている鋼棒）を出したりして，反応を調べました．その結果，VIP 野の多種感覚ニューロンはサル自身の身体部位の近くだけでなく，サルが観察していた他者の同じ部位の近くに視覚刺激を出しても反応することがわかりました．また，この VIP 野では，サルと対面した実験者自らが自分を触らないと反応しないニューロンも見つかり，ミラーニューロンとの関わりが示唆されています．

VIP 野は，頭頂葉のミラーニューロンが発見された PFG 野と解剖学的に結合していることがわかっています．このことから，他者の動作認識のもとになる他者の身体についての情報は，VIP 野がもとになっていると考えられています．

面白いことに，VIP 野で観察された視覚反応は，向かい合っている他者の右側と自分の左側の身体部位を対応づけていて，鏡のような関係になっていました．動画を見てダンスを覚えようとするとき，つい動画にいるダンサーの動作を鏡のように模倣してしまうように，対面している状況においては鏡像模倣（anatomic imitation）のほうが簡単にできるようになります．ヒトにおいても，他者の右手の動きを右手でまねする解剖模倣（specular imitation）よりも，鏡像模倣のほうがより自然で効率がよいことが知られていて，模倣の発達との関係が示唆されています（村田，2005）．

5.6　ミラーニューロンシステム活性の条件

脳がミラーニューロンシステムを備えているということは，何を意味し，ど

のようなメリットがあるのでしょうか．かつてはミラーニューロンシステムが他者の運動の"模倣"に貢献しているという考え方もありましたが，サルではヒトのような模倣能力を有していることが十分に説明されていません．そのため，模倣よりも前の段階である，他者の運動や表情の"理解"に貢献しているのだろうという説が広く受け入れられています．これは，"シミュレーション説"とよばれていて，他者の運動や表情をシミュレートしながら解釈することでより深い理解が得られるという説です．この説では，他者を理解することは他者の様子を自己に置き換えることにより達成すると考えられています．

さて，ミラーニューロンシステムが他者の動きを脳内でシミュレートしていることはわかってきましたが，目に入るすべての他者の動きをいちいちシミュレートしていたら，混乱の渦に巻き込まれてしまいそうです．実際，ミラーニューロンシステムの研究では，一致しない結果がしばしば報告されています．そのため，ミラーニューロンシステムがある特定の条件で活性化することが予測されてきました．

たとえば，下前頭回は，意味を知っている手の動き（ボトルを開ける，線を引く，ボタンを縫い付けるなど）を観察したときに活性化しますが，意味がわからない手の動き（実験参加者が知らない手話の動作など）を観察しているときは活性化しないことがわかっています（Decety *et al.*, 1997）．また，単純な運動を観察する条件と，文脈のある運動を観察する条件を比較すると，文脈のある運動を観察する条件では運動前野の活動が増加することも報告されています（Iacoboni *et al.*, 2005）．この研究では，手でコップを持ち上げる映像を実験参加者に見せ，その手が，(1) 真っ白な背景の中，(2) テーブルにクッキーやティーポットが並べられた背景の中，(3) テーブルの上にクッキーの食べ残しなどがあり散らかった様子の背景の中にある条件で反応を比較しています（図 5.3）．すると，(2) を見ているときに，ミラーニューロンが最も活発に反応することがわかりました．

これらの結果から，ミラーニューロンシステムが他者の動きをシミュレートすることで理解するだけでなく，「これから何をしようとしているのか」といった行動の意図に反応することがわかってきました．

図 5.3　Iacoboni が行った"ティーカップ実験"

5.7　ミラーニューロンをもつ動物

　ミラーニューロンは，霊長類ではサルとヒトを含む旧世界ザルとよばれるグループでしか発見されていませんでした．旧世界ザルとは，アジア，アフリカに生息する霊長類で，ニホンザルやチンパンジー，ゴリラなどもこのグループに含まれています．それに対して新世界ザルという霊長類のグループも存在します．新世界ザルは中南米に生息し，旧世界ザルの祖先とは4000万年前に

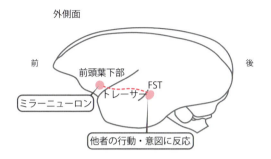

図 5.4　マーモセットの側頭葉の FST から前頭葉下部のミラーニューロンの位置を同定

分岐したと考えられています．大きな違いとして，新世界ザルは旧世界ザルに比べて鼻孔が側方に向いていて鼻全体がつぶれて広がったような顔立ちをしていることから，広鼻猿類ともよばれます．

　近年，新世界ザルのコモンマーモセットを用いた研究でも，ミラーニューロンが発見されました（Suzuki *et al*., 2015a）．上側頭溝（STS）の一部である FST（fundus of the superior temporal area）という領域には他者の行動や意図に反応する細胞が存在します．ここに蛍光トレーサーという生体内での神経の結合を可視化できる物質を注入すると，FST が前頭葉の下部に神経結合していることがわかります（図 5.4）．トレーサーを用いると，遠く離れた脳領域の間に解剖学的な結合があるかどうかを確かめることができます．たとえば A という領域と B という領域の間に情報を伝えあう経路があるかどうかを知りたいとき，トレーサーをどちらかの領域に注入すると，そのトレーサーが軸索とよばれる神経細胞が伸ばす道筋を見えるようにしてくれます．これによって，A と B の間にネットワークの経路があるかどうかがわかります．繋がっていない領域どうしではトレーサーは見当たらず，繋がっている領域の間にはトレーサーが見えるという仕組みです．この神経細胞間の軸索を介した神経結合のことを神経回路といいます．また神経回路全体を神経回路網といいます．

　トレーサーを使って調べた結合領域の神経細胞の活動を記録することにより，マーモセットの前頭葉下部にミラーニューロンが存在するかを検証しました．すると，他者がバナナをつかむとき (1) と，自分がバナナをつかむとき (3)

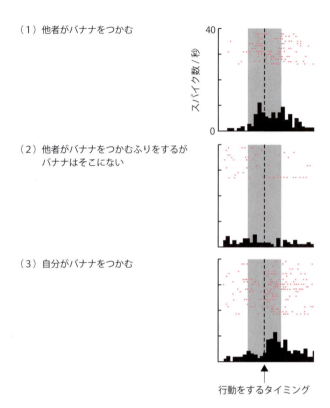

図 5.5　マーモセットのミラーニューロンの例
棒グラフは神経活動の大きさを示しています．（2）は他者がつかむターゲットがないため，物をとるという意図はなく，その行動を見たときにニューロンは反応を示していません．Suzuki *et al.*（2015a）より一部抜粋．

には，同じようにそのニューロンが反応しました（図 5.5）．しかし，ターゲットを置かずに物をつかむふりをした場合（2）には，このニューロンは反応しませんでした．この研究から，前頭葉下部で観察されたニューロンの活動は，側頭葉の FST から他者の行動・意図の情報を受けていることがわかりました．また，前頭葉下部には，前頭葉上部から自分の行動・意図の情報が連合されると推測されています．

　他者の意図を読む能力は，群れで生活する動物にとって大切な能力です．とくに，父親と母親を中心とした協力的な群れをつくり，仔を育てているマーモセットにとって，仲間や他者の行動を理解するためのミラーニューロンシステ

ムはきわめて大切な脳のシステムなのかもしれません.

5.8 ミラーニューロンシステムと自他の区別

　ミラーニューロンシステムの発見により，他者の運動や表情が，自分が行ったときと同じように脳内表現されることがわかりました．このことは，自己と他者の運動や感覚の区別は，脳内表現のレベルにおいてはっきりしていないともいえます．しかし，私たちは他人の身体と自分の身体を区別できています．自己と他者を区別する脳と，自己と他者の融合を行う脳はどのように関わり，住み分けをしているのでしょうか．自己の身体の認識に関わる症状（病態失認，身体失認，身体部位失認など）は，頭頂葉の傷害が関与していることから，自己の身体の認識には頭頂葉が重要な役割をもっていることが推測されています．

　明治大学の嶋田総太郎の考察によると，自己の身体の認識には，おもに視覚に由来し自分の外部から得られる"外在性の身体情報（たとえば，視覚によるフィードバック）"と，運動の指令や感覚などに由来する"内在性の身体情報（遠心性コピーないしは感覚フィードバック）"のマッチングが鍵となっているようです（嶋田，2009）．外在性の身体と内在性の身体の情報を比較し，両者がマッチしているときに"自分の身体"としての処理が行われ，そうでないときには他者の身体として処理されると考えられています．

　体性感覚野由来の感覚情報や，運動野由来の運動情報は頭頂葉へと投射されます．頭頂葉のいくつかの領域はタイミングの整合性を基準にして，これらの情報の統合やマッチングを行っているのでしょう．このとき，タイミングのマッチングの許容範囲はおよそ200ミリ秒であると嶋田は自らの研究（2.2.5項参照）結果により推測しています．マッチングの結果，内在性の身体表現とタイミングが一致していると外在性身体表現が自分の身体であると認識され，このときに身体保持感が感じられるようになります．そして，上頭頂葉にはこれらの情報が自己身体イメージとして保持されます．一方，タイミングが一致していないと検出された外在性身体は下頭頂葉や上側頭溝（STS）へと処理が移され，他者の身体として知覚されます（Shimada *et al*., 2005）．

自他の区別とミラーニューロンシステムに共通しているのは、外在性および内在性の身体に関する感覚（視覚、触覚、体性感覚、運動指令など）を統合するプロセスであり、そこでは自己と他者の身体の視覚による情報がとくに区別されることなく、すべて外在性身体情報だとして処理されるようになっていると考えられています（嶋田, 2009）。最初の段階で自己と他者を区別することなく動作を認識し、外在性身体情報と内在性身体情報が入ってくる時間差によって自己と他者を区別して認識しているのかもしれません。先に紹介したように、頭頂葉の破壊により自己の運動と他者の運動を区別できなくなる症状や、自分の手が見えないと自己の手が消えていくように感じる症状などが報告されています。これらを合わせて考察すると、視覚フィードバックと体性感覚、遠心性コピーなどが頭頂葉で統合され、時々刻々と変化する自己身体の状態をモニターすることに頭頂葉が関わっていると考えられています（村田, 2004）。

▶▶▶ Q & A ◀◀◀

Q 全盲の視覚障害者では、ミラーニューロンの機能は健常者とは異なると推測します。どのように考えられているでしょうか？

A 全盲の視覚障害者では、目が見えないだけ、健常者よりも聴覚に依存したミラーニューロンのはたらきが発達していると考えられています。

実は、動きを見るだけでなく、動きに伴う音にも反応する視聴覚ミラーニューロンがあることが発見されています。視聴覚ニューロンは、たとえば"割る"や"ちぎる"といった動きに対応し、自己がその行為を行うときや他者の動きを見るときだけでなく、これらの動きによってひき起こされる"音"を聞くだけでも応答します（Kohler *et al.*, 2002）。

健常者では、下前頭回‒下頭頂小葉‒上側頭溝の回路がミラーニューロンシステムに関係するとされていますが、視覚障害者においては、この回路が音刺激によって活性化されることが示されていて、ミラーニューロンに視覚入力は必須ではないと考えられています（Ricciardi *et al.*, 2009）。

このようなことから、ミラーニューロンシステムの反応は、知覚と運動の連合学習によって獲得されるとも説明できるため、必ずしも自己と他者の同じ行為を対応づけるものではないという批判もあり、現在でも議論が続いています。

Q アニメの登場人物などの二次元の動画に対してもミラーニューロンは反応するのでしょうか．また，ヒト以外のロボットなどでミラーニューロンの活動を調べた研究はありますか．

A ミラーニューロンシステムの活動は CG でつくられた腕の運動にも反応しますが，本物のヒトの腕の運動を見ているときのほうが強くなると報告されています（Perani *et al.*, 2001）．さらに同じヒトの腕でも，ビデオの映像を見ているときよりも，実物を見ているときのほうがより強くなるといわれています（Järveläinen *et al.*, 2001）．アーティストのコンサートを自宅のテレビで観るときと，会場で生のパフォーマンスを観るときとではまったく興奮や感動が違うのは，ミラーニューロンがこのような性質をもっていることも一因となっているのかもしれません．

このようなミラーニューロンシステムの特徴に着目し，ヒトとロボットに対する反応を比較した研究もいくつか存在します（松田ほか，2012）．たとえば，QURIO（キュリオ）という二足歩行型の小型ロボットとヒトのダンスを観察しているときのミラーニューロンシステムの反応を比較した研究では，ヒトのダンスを見ているときのほうが，反応が大きいことが報告されています（Miura *et al.*, 2010）．一方で，ヒトの腕やロボットアームが物をつかむ動作に対するミラーニューロンシステムの反応を比較した研究では，両者に顕著な差がなかったと報告されています（Gazzola *et al.*, 2007; Oberman *et al.*, 2007）．「ロボットよりもヒトに対する反応のほうが大きい」という結果と，「ロボットとヒトに対する反応に差はない」という結果に大別されるのは，刺激として用いたロボットの形や動作の違いでもあるかもしれませんし，計測方法の違いなども影響しているのかもしれません．いずれにしても，ヒトのミラーニューロンはロボットに対しても少なからず反応しているようです．

Q 鏡のように相手の運動を脳内でまねしシミュレートしているというミラーニューロンは視覚を経ないと反応しないのですか．文章や音声で「彼がコップをつかんだ」のような情報が与えられたときの反応はないのでしょうか．

A 文章や発声された言語に関わるミラーニューロンシステムを直接調べた研究は見つかりませんでしたが，ミラーニューロンを発見した Rizzolatti らは，言語の進化は身振り手振りをまねることから始まったという考え方から，ミラーニューロンが言語に結びつくと主張しています．つまり，ミラーニューロンシステムは，動きだけで表現される非言語コミュニケーションのみならず，言語を介したコ

ミュニケーションにも及んでいると考えられています．ある動作を見ると同時にそれに対応する"動詞"を聞くことによって，その動詞の言葉の意味を理解するという処理に視聴覚ミラーニューロンが役に立っているのではないかと推測されています（乾，2010）．

　神経心理学的な知見からも，ヒトにおけるミラーニューロンシステムの存在が認められているブローカ野近辺の後部が損傷されると"動詞"の生成が困難になることが知られています．一方，下側頭葉や側頭極の部位が損傷を受けると，ヒトの"名詞（人や生物や物の名前）"の生成に関する障害が生じるといわれています．これらの部位は，単語が記憶されているというより，それぞれの単語を適切な音韻に変換する機能が備わっているのではないかと考えられています．

　このようなことから，「私がコップをつかむ」や「彼がコップをつかむ」といった言葉を理解するとき，ミラーニューロンは"つかむ"という動作の理解を担当しているようです．しかし，ミラーニューロンでは自己と他者を区別しないので，動きの主を別のシステムで特定しなければなりません．そこで，自己の身体の認識やイメージの生成に関与している頭頂葉が動きの主を検出するのに重要な役割を果たしていると考えられています．一方，動きの対象となる"コップ"などの目的語の特定は，おもに視覚のパターン認識を行う下側頭葉が担当していると推測されています．それらの情報が結合されることで，ヒトは状況を理解しているのではないかと考えられています．

6 他者の情動が伝染する，他者の情動に共感する

6.1 共感とは

　スムーズな対人関係を形成するためには，他人がどのような意図や感情をもっているのかを適切に理解することが重要です．その基盤となっている心の機能が"共感（性）(empathy)"です．共感は協力的な行動を成立させ，社会の秩序や公平性を保つことや，助け合いや，暴動・デモに参加するきっかけにもなります．何か共感できる気持ちがあるから，ヒトは募金箱にお金を入れたり，デモなどに参加したりすることがあるのでしょう．

　これまで，共感というものは，"他者の見方や視点を読み取る能力"や"自己認識能力"，"模倣能力"などの高度な認知能力を兼ね揃えた者，つまりヒトだけがもつ能力であって，他の動物にはないと考えられてきました．しかし，高い認知能力がないと考えられていても，共感しているような行動を示す動物がいることも多数報告されています．たとえば霊長類では，争いに負けたチンパンジーに対してなぐさめるような行動がみられることが報告されています．北太平洋には，豊富なエサを求めてクジラが集まってくるのですが，そのクジラを狙ってシャチも集まってくる海域があり，そこでは大人のクジラがわが子に限らず別種の幼いクジラをシャチの攻撃から助けようとする姿が観察されています（NHKスペシャル『大海原の大決闘！　クジラ対シャチ』）．齧歯類でも仲間を助けるような行動が報告されていて，プールで溺れているラットを陸にいるラットがドアを開けることによって助け出すという実験結果が得られて

第6章 他者の情動が伝染する，他者の情動に共感する

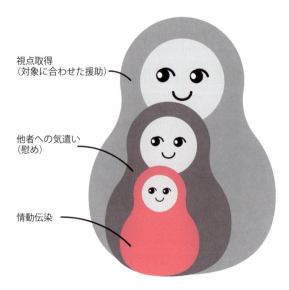

図 6.1 共感のマトリョーシカ
de Waal (2009) を参考に作成.

います（Sato *et al.*, 2015）．しかし，ものを言うことができない動物のそのような行動が"共感"に基づいていると言い切れないので，多くの研究者は"情動伝染（emotional contagion）"という言葉で示すことがあります．

　情動伝染はその名のとおり，相手の情動や状態が伝染して身体が反応することをいいます．あくびをしている人を見ると自分もあくびをしてしまう．他者の笑顔を見ていると自分も笑顔になり，楽しい気分になる．結婚式の披露宴で花嫁が泣きながら両親への手紙を読み上げていると，自分も涙がでてきてしまう．意識をしていなくてもついつい表出される身体的な同調であり，単純な反応です．

　「共感は，"情動伝染"，"他者への気遣い"，"視点取得（第 1 章末の Key-Word 参照）"といった 3 つの機能がロシアの人形，マトリョーシカのように組み合わさっている」と Frans de Waal は著書『共感の時代へ―動物行動学が教えてくれたこと』で提唱しています（図 6.1）(de Waal, 2009)．de Waal は，チンパンジーなど霊長類の社会的知能研究で世界の第一人者として知られている動物行動学者です．彼は，"共感"という能力は人間特有のもの

ではなく，生物の進化の過程で獲得されてきた能力であると主張しています．そして"情動伝染"は一番内側にある人形のような共感の核となっていて，他者の状態や感情にぴったりと合わせることができる能力です．進化によってこの核の周りに，"他者への気遣い"のような慰める能力や，"視点取得"といった相手に合わせた援助行動というような，精巧な能力が加わっていきます．そして，ヒトが行うような高度な"共感"が発達したようです．

　1人で部屋にいて机の角に足をぶつけて痛い思いをすると，周りに誰もいないのに「痛い」と声に出すこともあるでしょう．1人でいるときの情動の表出は無意味なように思えますが，もし部屋に誰か他の人がいた場合，「大丈夫？」と気にかけてもらえたり，「あの机はぶつかりやすいところにあって危険だから気を付けよう」と思ってもらえたりするかもしれません．ヒトを含め，動物は無意識に情動を表出してしまいます．たとえば，小さなマウスが何かに恐れて悲鳴をあげるのを聞くと別のマウスも恐れを抱き，逃げ隠れすればその仲間に降りかかった悲劇を避けられるかもしれません．慌てて逃げ隠れしている仲間の姿を見て，また別のマウスも逃げ出すような恐怖反応を示すでしょう．また，ほとんどの動物の子どもは，母親から離れてひとりぼっちにされるとロストコール（lost call）やアイソレーションコール（isolation call）とよばれる甲高い声で悲鳴をあげます．この鳴声を聞きつけると，多くの母親は子どものところへ移動し，静かになるまで授乳したり，温かいところへ移動したり，抱きかかえたりして忙しなく動きます．母子の間で情動が伝染すれば，子どもの状態に応じて素早く反応でき，子孫を残す確立が高まることでしょう．そしてそれは，一見，子どものためにはたらいているようにもみえますが，怖いものやうるさいものに蓋をし，自分が快適に過ごすために行動しているともいえます．他者への情動表出への感受性は，母子関係にその起源があるのかもしれません．これを自己防衛的利他的行動とde Waalは提案しています（de Waal, 2009）．他者の感じていることや情動を認知し，共感し，はたらきかけることは単なる自己犠牲ではなく，自分の不利益になるような状況を避けるための本能的な能力なのかもしれません．

6.2 痛みの情動伝染

　情動は伝染してしまうゆえに，他者が苦しむ姿を見ると自分も苦しくなります．苦痛を伴う動物実験はいまでは禁止されていますが，1960年代にアメリカで実施された研究は，動物における痛みの伝染を実証しています（Wechkin et al., 1964）．アカゲザルがエサをもらえる鎖を引くと，仲間のアカゲザルに電気ショックが与えられます．自分の行動が仲間にもたらす苦痛を目撃すると，アカゲザルは鎖を引いてエサを得ることを拒み続けます．このような実験では，サルたちは飢え死にしかけるまで，仲間に痛みを与えるのを避け続けました．

　他者の苦痛による情動伝染は，霊長類のみならず，マウスやラットなどの齧歯類でも実験的に確認されています．先に紹介したアカゲザルの実験と同じように，ラットがエサを得るためにレバーを押すと隣の部屋にいる仲間に電気ショックが与えられる実験も行われていました（Church, 1959）．ラットも仲間が電気の流れる格子の上で飛び跳ねている姿を見るとレバーを押すのをやめることがわかっています．この実験を行った研究者のChurchは，「ラットは仲間が苦しんでいるのを見ると，自分自身の境遇が心配になるのではないか」と解釈しています．動物が他者の痛みを見て，自分にその痛みが起こるかもしれないと将来を予測しているのかはわかりませんが，他者の情動的な反応に影響を受けて，レバーを押す行動に抑制がかかることは実証されています．

　マウスでも，他者の痛みに対する反応を調べた研究が発表されています．マウスの腹腔に水で薄めた酢酸を注入して腹痛を起こさせると，身体を伸ばして不快感を示します．2匹のマウスをお互いに見えるようにガラスのケースに別々に入れて，2匹ともに酢酸を注入すると，2匹のうち1匹だけに酢酸を注入したときより，この身体を伸ばす動きが増えました（図6.2）（Langford et al., 2006）．また，はじめて出合う個体どうしよりも，いっしょに過ごしてきた仲間どうしのほうが，その現象が多くみられました．このようにマウスでも，他者が苦しんでいる様子を見ると，自分自身の痛みの反応も強まることがわかっています．この論文は，ヒト以外の動物にはじめて"共感"という言葉を明示的に用いたものでした．

図 6.2 Langford らが行ったマウスにおける他者の痛み反応実験

　他者の痛み反応が，齧歯類や霊長類でも個体の行動に影響を及ぼすことを示した以上のような研究は，ヒトにみられる共感がどのように進化してきたのかを考えるうえで大切なヒントとなりました．

6.3　痛みの伝染のネットワーク

　他者が痛い思いをしているところを見ると，脳では何が起こるのでしょうか．fMRIを活用した研究によると，誰かの手や足が針で刺されたり，ドアに挟まれたりするような"痛い画像"を見ると，その画像を見た人はまったく痛みを負っていないのに，ペインマトリックス（3.8節参照）に含まれる感覚野が活動することがわかりました（Moriguchi *et al.*, 2007）．他者の苦境を目撃したときに活動する脳部位は，自身の痛みを感じたときに活動する部位と重なっていることから，これもミラーニューロンシステムを使用していると考えられています．

　また，本人が痛みを感じていない状態でも，親密な関係にある他者が痛みを感じている場面を見ると，島皮質（3.8節参照）といわれる部位も活動します（Singer *et al.*, 2004）．この研究ではfMRIを用いて，女性の参加者に電気ショックを与える場合と，パートナーに電気ショックを与えたことをその女性

に知らせたときの脳活動部位を調べています．すると，パートナーが痛みを受けていることを知らされたときに，情動に関する島皮質などの領域が活性化することが観察されました．

第3章で紹介したように，島皮質はこれまで本人が痛みを感じているときのみに関与し，温度感覚，痒み，呼吸が荒くなるような運動時にも活動することが明らかになっていた領域でしたが，Singer らの研究により，さらに多くの研究者に注目されるようになりました．同じく痛みの中枢として知られていた前部帯状回も，他者の痛みに反応して活動します（Hein and Singer, 2008）．

画像や視覚情報に限らず，痛みに関する音や言葉，痛そうな表情，痛みがきそうな予感，痛みの思い出などが，"ペインマトリックス"を活性化させることがわかっています（Mouraux *et al.*, 2011）．こうなるともう"ペインマトリックス"のはたらきが，自己の身体的な痛みだけに限定されていないといえるでしょう．今まで"ペインマトリックス"と考えられていたネットワークは，自分の痛覚受容のみを処理するだけでなく，自分の身体や他者の痛みに関する感情を認識するネットワークであることがわかったことから，"生きるために重要な感覚を検出することに関わっているネットワーク"，ニューロマトリックス（neuromatrix）としてとらえる考え方も広まっています（Iannetti and Mouraux, 2010）．

6.4　どこまでが自己でどこまでが他者か

人は困っている人を見ればいつでも誰に対しても，同じように情動伝染し，共感したり，慰めたりするはずだと考えられましたが，現実の世界ではどうでしょうか．いじめ，差別，虐待など個人的な範囲だけでなく，国家や民族レベルでも対立が起こり，紛争に絡む事件もしばしば報道されます．ドアに手がはさまれた写真を見ただけで，痛みに対する脳部位が反応する機能をもっているのにもかかわらず，世界からは殺人や暴行，対立や紛争がなくなることはありません．

仲間か，見知らぬ人か．自分と似た何らかの要素を感じるか，そうでないか．

私たちは，所属，職業，人種，階級，趣味などの情報をもとに，他者を自分サイドの人間かそうでないかを分け隔ててしまいます．他者と自己の心理的な重ねやすさの度合が他者への共感の程度に影響しているのでしょう．それを示した研究を紹介します．

　バージニア大学心理学部のBeckesらは，友人とともに実験に参加するヒトを募りました．そして，自分，友人，あるいは見知らぬ人に電気ショックが与えられると脅します．そのときの脳の活動を測定し，活動する部位を比較しました．すると，自分が脅された場合と，友人が脅された場合には，前部島皮質（AI），大脳基底核の一部である被殻（putamen），下頭頂小葉の縁上回などが対応して反応しましたが，見知らぬ人が脅された場合にはそのような反応が見られませんでした（Beckes *et al*., 2013）．他者が自分と親交のある友人である場合，他者の恐怖を自分のことのように感じられるようです．これからの共感の研究は，「情動を発しているのは誰か」にも着目して研究をしていく必要があるでしょう．

6.5　共感できる相手，共感できない相手

　私たちは，他者の痛みに対して共感する気持ちをもっていますが，映画や漫画などで悪人が懲らしめられるシーンを見たときは「いい気味だ」と思うこともあります．ロンドン大学のSingerらのグループでは，どういう相手に対して痛みの共感が生じるのかということを，相手の"公正さ"に着目して研究を行っています（Singer *et al*., 2006）．この研究では，実験の参加者とサクラ役の2人1組となってお金を使ったゲームを行います．サクラ役のヒトは，ゲームで公正に振る舞うヒトと，不公正に振る舞うヒトの2種類がいて，参加者は相手がサクラであることは知らず，自分と同じように実験に呼ばれたヒトであると思っています．ゲームが終わったのち，参加者はfMRIの機械の中に入り，先ほどのサクラが電気ショックを受けている様子を見るように指示されます．みなさんも想像がつくと思いますが，他者の痛みに対して活動するといわれている前部島皮質と前部帯状回は，やはり公正に振る舞ったヒトが電気ショックを受けているのを見たときにより強く活性化しました．つまり，不公

正なヒトではなく公正に振る舞うヒトに対して痛みの共感を示すようです．ちなみに，この実験では男女で差があり，女性は不公正な振舞いをした相手に対しては，多少これらの脳部位での活動が観察されましたが，男性ではほとんどそのような反応はみられませんでした．不公正な相手に対してシビアな反応をするのは男性のほうなのかもしれません．この研究をみると，相手を不公正なヒトであると感じると，そのヒトの痛みに対する共感が鈍ってしまうことがわかります．

6.6　ロボットにも共感できる？

　スターウォーズに登場するR2-D2やファービー，アイボ，ペッパーに至るまで，私たちの周りには感情を表すよくできたロボットを見ることが多くなってきました．人工的ではあるものの，彼らの表情豊かな動きを見ているとついつい感情移入してしまい，映画を楽しんだり，ロボットをかわいがったりすることも多くなったことでしょう．生物の姿とは似ても似つかない形をしているお掃除ロボットやパソコンにでさえ，わが子のように話しかけたり，不調になると罵倒したりしている人を見かける現代です．

　このようなロボットに対してヒトはどれほど共感できるのかを調べた研究があります．この研究では，"プレオ"という小さな恐竜型ロボットに登場してもらいました．プレオは，紐で首吊にされたり，机に叩きつけられたり，しっぽを持って逆さまにして振り回されたりと，かなり暴力的な扱いを受けます．その動画を見た実験の参加者はネガティブな感情を強く感じ，皮膚電気活動が高まり，よく汗をかくようになりました（Rosenthal-von der Pütten *et al.*, 2013）．fMRIで参加者の脳活動を観察したところ，プレオが大切に撫でられている動画を見ると，ヒトが愛情を受けているような動画を見たときと同じ脳領域が活性化しました．一方，プレオが暴力を振るわれている動画を見たときも，ヒトが暴力を受けているときと同じ領域が活性化しますが，ヒトの動画を見たときよりも弱いことがわかりました．

　また，ヒト型のロボットがハサミやナイフで指を切ってしまうような動画を見た場合にも，実験参加者はそれがヒトである場合と同じように脳が反応する

こともわかっています（Suzuki *et al*., 2015b）．ただし，ロボットの場合，事象関連電位はヒトが関与するシチュエーションよりも弱くなることから，自分と姿が似たものに対してより共感性が高まることが考えられます．

6.7 過去の経験が共感に影響を及ぼす

　日々人々に囲まれて幸福を感じている人と，孤独を感じている人では，他者への共感への度合は違うのでしょうか．孤独感とはあくまでも主観的なものですが，孤立しているという感覚や経験は，ストレスホルモンや免疫機能，心臓血管の機能の数値にも影響を及ぼします．それだけでなく，孤独を感じている人とそうでない人で，刺激に対する脳の反応の仕方が違うことも知られています．

　まず，孤独感が強い人間なのか，そうではないのかをどのように測定するのでしょうか．一般的には，UCLA 孤独感スケールという心理評価法が用いられています（Russell, 1996）．「周りの人たちと波長が合っていると感じる」，「頼れる人がいないと感じる」，「人間関係は無意味だと感じる」など，自分が他者との関係をどう感じているかについて焦点を当てた質問に 20 問答えてスコアを出すものです．

　この方法で孤独感を評価した実験参加者に対して，fMRI を使って，「男性が人を殴っている」など社会的に不快な写真を見たときの脳活動を調べた研究があります（Cacioppo *et al*., 2009）．すると，孤独感の強い実験参加者では側頭頭頂接合部（TPJ, 1.2.8 項参照）の活動が，孤独でないと判定された参加者と比べて低いことがわかりました．この側頭頭頂接合部は，他人の視点からものをみる能力に関連していると考えられている部位です（7.12.2 項参照）．孤独感が強まると他人の気持ちを理解する能力が低くなるのではないかと解釈されています．

　一方で，「イヌを散歩させている」など，社会的に微笑ましい状況の写真を見ると，孤独でないと判定された実験参加者では報酬系に関係している腹側線条体（ventral striatum）という部分が活動します．しかし，孤独感が強い参加者では，そのような写真を見たときに腹側線条体の活動が比較的低いことも

明らかになっています．このことから，孤独感を強く感じている人は他者の幸福に対して，あまり喜ばしいと感じられないのではないかと考えられています．

ただし，ゴキブリの写真やお金の写真など社会的な状態とは関係ないものを見せられた場合は，反応の大きさに違いはありませんでした．この研究から，孤独感が強くなると，他者の痛みや幸福に対する反応が弱く，共感することが苦手となり，ますます他者と仲良くなることが困難になっていく様子が想像できます．

また，個人の孤独感と相関する脳の構造を探したところ，後部上側頭溝(posterior superior temporal sulcus: pSTS) という部位が関連していることが報告されています（金井，2013）．後部上側頭溝は，他者の視線など社会的なシグナルの知覚に関連している部位です．孤独感が強い人は他者の視線を認知するのが苦手なのでしょうか．金井らはさらなる研究により，孤独感が強い人は顔写真を見て，視線の方向や表情を読み取ることがうまくできないと報告しています．

他者の表情が読めないと，他者とうまく交流できず孤独を感じやすいのかもしれません．もしくは，孤独感が強い人は他者とのコミュニケーションの頻度が低いため，他人の視線を処理する能力があまり発達しないとも考えられます．孤独感が強まると他者への共感性が低くなり，さらに孤立してしまう傾向になるでしょう．孤独な感情から生じるスパイラルは，健康にも，認知能力にも悪い影響を及ぼしてしまいます．

そんなことになってしまうなら，孤独な感情などそもそも感じなければいいのにと思いたくなるのですが，孤独感はたえずヒトを含めた多くの動物にも備わって今も受け継がれています．天敵に襲われる可能性といつでも隣り合わせで生きてきた，ウシやヒツジなどの草食動物は，孤立してしまうことに対してストレスを感じやすくなっています．モルモットも知らない場所に置かれたときに，1匹でいるときよりも仲間といっしょにいるとストレスホルモンの分泌が少なくなります．ヒトも他の動物に比べて圧倒的に力が弱い動物なので，個人として孤立してしまうと自然界では致命的だったのでしょう．その代わり，仲間と知識を共有して仲間とともに行動することで自然界で生き抜くことができ，多くの子孫を残してきたと考えられます．社会や群れから孤立しないよう

に動物を行動させる原動力として，進化の過程で動物にもヒトにも寄り添ってきた孤独感は重要な感覚といえます．たくさんの人と関わっていても孤独を感じている人もいれば，1人でいても孤独を感じない人もいるように，孤独の感じ方に個性はあります．孤独を少しでも感じたら放ったらかしにせず，認知機能に影響を及ぼす前に，信頼・安心できる仲間と関わることで解消することが大切なのかもしれません．

6.8 あくびの伝染

とくに眠いわけでもないのに，電車で向かいに座っている人が大きくあくびをしていると，つられて自分もあくびがでてしまった，といったように，あくびが伝染することを体験したことがある読者もいるのではないでしょうか．筆者は他者のあくびが伝染しやすい体質のようで，あくびの写真や"あくび"という文字を見たり書いたりしているこの瞬間にもあくびが出てきます．なぜあくびの伝染が起こるのかは完全には解明されていませんが，あくびの伝染も他者との同調や共感という意味で研究が進められてきました．

実は，あくびの伝染もミラーニューロンシステムによって可能になることがわかってきました．fMRIを使った研究では，他者のあくびを見たり，聞いたりするだけでも，ミラーニューロンのある下前頭回が反応することが明らかにされています（Haker et al., 2013）．また，あくびに関連するミラーニューロンの活動は，あくびを観察しているヒトの認知的共感得点と強い関連があることがわかっています（川合，2015）．

ヒト以外の動物でも，あくびは伝染します．チンパンジーを対象にした研究では，別のチンパンジーがあくびをするシーンをビデオで見せると，あくびが誘発されることがわかっています（Anderson et al., 2004）．あくびではなく，たんに口を開けている映像を見せた場合には，あくびは誘発されません．その後の研究から，ボノボ（*Pan paniscus*）やゲラダヒヒ（*Theropithecus gelada*）など，さまざまな動物種であくびの伝染が起こることが発見されました（Yoon and Tennie, 2010）．

イヌでは，ヒトのあくびを見てもあくびが伝染することが報告されています

(Romero et al., 2013).その研究によると，イヌは見知らぬ人よりも，飼い主のような親密な相手のあくびに対してより頻繁にあくびをするようです．

　ヒトや霊長類に関する他の研究でも同様な結果が示されていて，あくびをした相手が友人や親族など親密な関係にある場合にはあくびが伝染しますが，単なる知り合いや見知らぬ関係にある相手のあくびは伝染しにくくなります．共感についても，相手との関係が親密であるほど共感が起こりやすいように，あくびの伝染にも相手との関係性が関連しているようです．あくびの伝染はたんに眠気が移ったのではなく，あくびをした他者が身内かよそ者かを無意識のうちに判断した結果を反映していて，その現象はチンパンジーやイヌにもみられることから，起源はとても古いものだと考えられています．

　また，自閉症者ではあくびが伝染しにくいという研究もあります（Senju et al., 2007）．この実験でも，他者があくびをしている映像，他者がただ口を開けている映像をそれぞれ自閉症児と定型発達児に見せ，どれくらいあくびが誘発されるか調べています．その結果，定型発達児は他者のあくびを見たときに，よりあくびをしやすくなることが確認されたのに対し，自閉症児ではそのような傾向がみられませんでした．

　自閉症児はそもそも他者の表情を自発的にまねする傾向が弱いといわれています．しかし，自閉症児に他者の目や口を見るよう注意を促した場合には，定型発達児と同じように表情をまねすることが報告されています（Magnée et al., 2007）．あくび伝染の実験においても，他者の顔に注意をするように促し，アイトラッカーで子どもがモニターに映っている他者の顔に視線を向けたときだけにあくびの映像が提示されるようにすると，自閉症児も定型発達児と同じようにあくびが伝染することが確認されています（Usui et al., 2013）．このように自閉症児は，相手の行動に注意を促した場合には模倣がより起こりやすくなるということから，他者への注意の弱さが模倣の障害に関与していて，模倣そのものに困難を抱えているわけではないと考えられています．

6.9　共感の障害

　これまで紹介してきたように自己と他者の理解について共通していることが

いくつもありました．このことから，自己と他者の認識の成り立ちは，表裏一体とも考えられますし，自己と他者がどのように区別されているかの境界線も不明になっているとも考えられます．

　精神障害のなかには自分の感情だけや，他者への共感性だけが減弱するタイプのものがあります．身体反応は起こっていてもそれが脳に正しく伝えられない障害や，そもそも身体反応をひき起こすための脳活動が起こりにくい場合もあります．そこで，このような精神障害を理解することで，他者と自己の心を知る脳機能を理解するヒントを探してみましょう．

6.9.1　アレキシサイミア

　自分の感情の気づきに乏しい状態を"アレキシサイミア（alexithymia，失感情症）"といいます．とあるアレキシサイミアの症状をもつ男性の例では，自分の結婚式のステージに立ったとき，自らの頬の紅潮や足取りが重たくなるのを感じるだけで，喜怒哀楽といった感情を感じなかったという報告があります．ほかにも症状として，「涙は出るけれどなぜ自分が泣いているのかがわからない」，「小説の主人公の気持ちになれないので推理小説や恋愛小説を楽しめない」などの状態が発生しますが，そもそも本人が気づかないということも多いそうです．

　1973年，ハーバード大学の精神科医Sifneosらによりアレキシサイミアの存在が発見されたとき，感情を言葉にすることができない，言語の障害であると考えられていました（Sifneos, 1973）．アレキシサイミアの特徴としては，主観的な感情を述べることが困難，想像力の欠如，機械的なコミュニケーション，そして共感性の欠如などが挙げられています．つまり，身体反応が起こっていないわけではなく，それを検出する機能の低下があるために，その変化に気づくことができないという状態です．自分の感情に気づくことが苦手でそれを表現できないとなると，ストレスを受けていても疲れの主観的な感覚に気が付かないことがあります．そのため，ストレス下でも淡々と行動を続けてしまい，胃潰瘍などの身体症状を発症してしまうこともあります．アレキシサイミアの背景には，感情を処理する神経回路が損傷を受けている可能性があることも指摘されています．

fMRIを用いた研究によると，アレキシサイミアの傾向が強い実験参加者は健常者と比べて，図形のアニメーションを用いた心の理論課題（7.1節参照）を行っているときの内側前頭前野（mPFC）の活動が低下していることが観察されています．それが心の理論の機能低下を表現しているとも示されています（Moriguchi et al., 2006）．このように，身体的な反応が起こっていても，それが脳において適切に感知されないと主観的な感情が起こらず，結果として共感も形成されにくいと考えられています．実際，対人反応性指標（Interpersonal Reactivity Index: IRI）というアンケートで参加者の視点取得（第1章末のKey-Word参照）の尺度を調べてみたところ，そのスコアと内側前頭前野の活動が正に相関していることも明らかになっています．自己と他者の心を理解するためには，自分とはいったん離れた視点をもつという視点取得の能力が必要であるため，自己の認知の障害をもつアレキシサイミアはその能力に障害があるのではないかと考察されています．

同じ研究方法で，アレキシサイミアの傾向が強い参加者に，ミラーニューロン課題（ペンやコップなどの日用品に手を伸ばしてつかもうとする動画を，注意深く見てもらう）を行わせたときの脳活動も調べられています．すると，アレキシサイミアの参加者は健常者よりも，運動前野や頭頂葉をはじめとしたミラーニューロンに関連する領域が活動していることが観察されました（守口, 2011）．アレキシサイミアの傾向が強い人は，心の理論の機能よりも，ミラーニューロンのような自他を単純に重ね合わせるメカニズムに頼ることで，他者を理解しようとしているのかもしれません．さらに，ミラーニューロン関連領域の活動が"視点取得"のスコアと負の相関を示していました．ミラーニューロンシステムは，やはり他者の運動を理解するための原始的なシステムであって，視点取得に基づく心の理論の能力には直結せず，それを獲得するための前駆体である可能性が示唆されています．

6.9.2 サイコパス

ときどきニュースで知らされる，ぞっとするような殺人事件．加害者は普通の社会生活を営んでいる人だというのに，異常な殺人や誘拐をするものですから驚きです．このような事件の加害者に多くみられるのが，サイコパス

(psychopathy) とよばれる精神病質です.

　サイコパスの特徴としてまず取り上げられるのが，他者の恐怖感情など情動的な共感の消失，他者の悲しみや痛みや幸せに対する感情の共有の欠如が挙げられます．言語や記憶などの基本的な認知機能についても障害は示されません．有名な例としては，映画『羊たちの沈黙』，『ハンニバル』のレクター博士のようなものでしょうか．彼は映画やドラマのなかで，精神科医をしながら自分の患者を殺害してはその臓器を食べるという連続猟奇殺人犯として描写されています．

　ただし，サイコパスは凶悪な殺人犯としての側面をもつだけでなく，嘘に長け，口が上手く，愛嬌があり，ヒトの気持ちを引きつけるような特徴ももっています．自ら相手の感情的な共感を引き出すような手口を使い，詐欺をするような事例があるように，他者が何を考え，何を意図しているのかを理解する心の理論は保たれているようです（Blair, 2008）．

　それにもかかわらず，サイコパスには他者の痛みが共有されないということはどういうことなのでしょうか．fMRIを用いた検討や神経生理学的研究によると，この機能障害は他者の痛みを観察したときに強く反応するといわれている扁桃体と前頭前野腹内側部の反応性の減弱に起因しているとされています．児童期の素行障害（conduct disorder）もサイコパスの特徴をもつとされており，扁桃体の機能が低下しているとも報告されています．7.12節で紹介しますが，扁桃体は視線の理解を通じて他者の情動を理解するために重要な部位です．他者の視線認知や他者の情動に対する共感が障害されているとすると，他者の痛みに対する感度も減弱すると考えられます．すると他者に危害を加えることを回避する傾向が弱くなり，結果的に自己の利益のために他者に害となる行動を犯しやすくなると考えられています．

　また，前頭前野腹内側部における機能障害をもつことから，サイコパスの特徴を説明するメカニズムとして，意思決定の障害も挙げられています．この部位の損傷は心の理論の障害に直結せず，他者の感情状態の認識そのものには目立った問題は起こらないそうです．フィネアス・ゲージに代表されるような前頭前野腹内側部の損傷例でも紹介したように（1.2.4項参照），前頭前野腹内側部は将来的な報酬や罰の予期にも関わっている部位であることから，この部

位の機能が低下することにより，自己の行動の結果を予期する能力が低下しているとの見解もあります（加藤，2014）．

6.10 共感のタイプ

共感は，極端に分類すると，情動的共感（emotional empathy）と認知的共感 (cognitive empathy) に分けられるというとらえ方が広まっています（梅田ほか，2014）．

情動的共感とは，情動伝染のように，無意識で自動的に他者と同じような情動状態が経験される現象です．他者の状態を頭のなかで描くだけでなく，ときに身体も伴って反応することもあります．他者の状況に接した際に自動的に身体が反応してしまい，同時に他者の心の状態を考え，その結果として共感が認識されるイメージです．外部からの感覚刺激により駆動され，神経ネットワークの特性により創発される共感であることから，ボトム・アップ型の情報処理が関与していると考えられています．つまり受動的で意図せず起こるような共感に関与しているといえるのがボトム・アップ型の情動的共感です．これまでに紹介してきたように，他者の痛みなどに由来する情動的共感は，扁桃体，島皮質，前部帯状回背側部など，情動に関連している部位や覚醒に関わる部位が関連しています．

一方，認知的共感とは，他者の視点を取得することにより他者の気持ちを理解することであるとされています．他者が，何を知り，何を意図し，何を望んでいるのかを知っている必要があり，いわゆる"心の理論"と重複した部分があるといえます．情動的共感と異なる点は，他者の感情状態と観察者の感情状態が必ずしも一致する必要がないということです．

先述した実験のように，公正な振舞いをした人が罰を受けるときと，不公正な振舞いをした人が罰をうけるときとでは共感の度合が異なり，脳もそれに対応して反応します（6.5 節参照）．このように共感のスイッチを意図的にオン・オフする切替えがある程度可能であるのも，"認知的共感"の特徴です（梅田ほか，2014）．認知的共感は，自分の過去の経験など長期的な記憶が影響を与え，他者との社会的関係が関連しています．このタイプの共感は，おそらく，

類人猿とヒトで特異的に観察されるものと考えられています.

認知的共感は，処理の方向性としては，基本的にトップ・ダウン型であると考えられていて，次章で紹介する"他者の視点取得"のシステムや他者の心的状態の理解に関わる"心の理論"のシステムが関与するといわれています.

しかし，情動的共感と認知的共感は，意識の有無により区別されるものではなく，2つの共感における意識の関与の度合はグラデーションのように連続的であるとも考えられています．実際に，映画やドラマを観て感動して涙が流れるとき，その映画のストーリーを認知しているから涙が出てくるのか，役者さんの演技が上手でその情動が伝染したから涙が出てくるのか，はっきりとその境界線を引くことは難しいように思います．そもそも，情動と認知を安易に分断して考えてしまうと，両者に共通した共感の原理を探求することが困難になってしまうことも危惧されています（大平，2015）．

6.11 喜びの共感

これまでに実施された共感の研究を振り返ると，どうしても"痛み"に関する共感の研究がほとんどだという事実に気が付きます．痛みのような鋭い感覚を伴い増悪的な感情を示す表情は，命に関わる危機感を生み出しそれを回避できるようにするため，共感を引き出しやすいということが理由だと考えられます．これをネガティビティ・バイアスといって，ネガティブな感情のほうが記憶や注意，意思決定などの認知活動に対して大きな影響を与えることが知られています（Ito and Cacioppo, 2001）．

しかし，共感は痛みや恐怖に限った現象ではありません．多くの人は，他者が楽しく笑っていると自分も楽しくなり，悲しくて泣いている人を見ると自分も涙したくなることを経験しています．また，罪悪感や，羞恥心，愛情など，複雑な要因や他者との関係性によって生まれる感情を共感することもあるでしょう．"共感"は多種多様な感情を対象にした言葉であることを私たちは日々の生活のなかで感じているはずです．とくに笑いの伝染は顕著で，コメディ番組に笑い声が挿入されていると，面白いような気がしてつい笑っていたり，1人で番組を観ているよりも家族や親しい人といっしょに観ているときのほうが

多く笑っていたりすることがあるでしょう．実際，コミックビデオを1人で観ているときより，複数で観たときのほうが笑う回数が増えることが報告されています（辰本・志水，2006）．

　残念なことに，快感や喜びなど他者のポジティブな経験についての研究は，神経科学の分野においてはきわめて少ない現状です．ポジティブな経験に対する共感の研究報告が少ないのは，測定手法の問題も関連しているとの見解もあります．これまで本書で何度も紹介してきたfMRIのような脳機能画像法では，ポジティブな共感に関わる脳活動が観測されづらい可能性もあるかもしれません．今後は，脳部位の活動の測定のみに限らず，さまざまな手法でポジティブな共感をターゲットにした研究が増え，他者と喜びを分かち合うメカニズムの詳細が明らかになることを期待したいものです．

▶▶▶ Q & A ◀◀◀

Q 他者の痛みを目撃したとき，同様の痛みを経験した場合と未経験とでは，脳の活動に差が生じますか．

A たとえば，陣痛がどれだけ辛いものなのかは，出産を経験しないとわからないものです．世の中のお母さんたちは出産シーンを見ているとき，強く痛みに共感しているかもしれません．最近では，電極パッドを装着することで陣痛の痛みを疑似体験できる"陣痛シミュレーター"というものが開発されているそうです．試してみたら，出産に対する感じ方が変わりそうですね．

　は電気ショックを経験したことがあると，仲間が電気ショックを受けているのを目撃したとき，よりフリージング（電気ショックを恐れてじっとその場を動かなくなる行動）を示すようになります（Atsak *et al.*, 2011）．一方，電気ショックを経験したことがないラットは，仲間が電気ショックを受けているのを見てもフリージングを示しません．では，仲間のマウスが電気ショックを受けているのを見ながら痛みを学習していくと，ペインマトリックスに含まれている前部帯状回の活動に変化が起こることが報告されています（Jeon *et al.*, 2010）．ヒトでは直接調べられていませんが，経験が脳の活動と痛みの共感や伝染に与える影響は少なからずあると考えられます．

Q&A

Q 老いとともに，涙もろくなるとよくいわれます．とくに喜びを分かち合うときに多いような気がします．共感の起こりやすさに加齢の影響はありますか．

A 加齢によって涙もろくなる理由には諸説あり，「老化によって，感情抑制のコントロールをしている前頭前野の機能が低下し，その結果，涙もろくなる」といわれています．情動の抑制がうまくいかなくなると，涙もろくなるだけでなく，笑い上戸になったり，怒りっぽくなったりすることもあるでしょう．

また，「泣くという行為は記憶と情動に関連している大脳辺縁系の価値判断に基づいて発生する情動反応」ともいわれています．年を取れば取るほど，自分を含めてたくさんの人のさまざまな感情を理解する経験が積み重ねられていきます．加齢に伴い，10代，20代，30代，40代，50代と，いままで経験してきたすべての世代で思い出すことがあるはずです．すると，他者の感情に共感する場面に遭遇する確率が高くなることでしょう．涙もろくなることは，これまでの人生でたくさんのことを経験して涙を流し，乗り越えてきたことの証です．

7 他者の心を理解する"心の理論"

7.1 心の理論を研究するためには

　私たちは言葉を使わなくても，その場の雰囲気や顔の表情などを読んで，他者の心の状態を推測することができます．"心の理論（第1章末のKey-Word参照）"の研究は，このような直接目で見ることのできない自己や他者の意図や感情に関する理解を対象としています．直接目で見ることができない心について，どのように調べればよいのでしょうか．ある人が心の理論をもっているかどうかを調べるために"心の理論課題"が使われます．心の理論課題とは，簡単なストーリーを演じたり語ったりして，登場人物の考えを当てるテストです．本章では，自閉症について研究しているBaron-Cohenらによって作成された心の理論課題を紹介します（Baron-Cohen *et al*., 1985）．

【サリーとアンの課題】
　サリーとアンという2体の人形を使って，次のような短いお話を子どもに演じてみせます（図7.1）．
　サリーはカゴを，アンは箱をもっていました．サリーはボールを持っていて，それを自分のカゴの中に入れておきました．そしてサリーは外へ出かけました．アンは，サリーがいない間に，サリーのボールを自分の箱の中に移しました．サリーは外から戻ってきて，ボールで遊ぼうとしました．
　このときに，子どもたちに「サリーがボールを探すのは，どこでしょう？」と質問をします．答えはもちろん「カゴの中」です．この答えが正しいのは，

7.1 心の理論を研究するためには

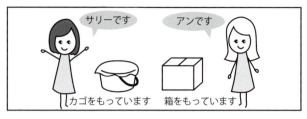

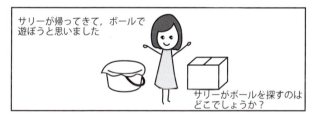

図 7.1 サリーとアンの課題

サリーは自分でボールをカゴの中に入れて，それがアンによって移されるのは見ていないからです．サリーは自分が置いたところにまだボールがあると思っています．そのため，サリーは，もう実際にはボールがそこになくても，カゴの中を探すのです．

このような心の理論課題は，サリーの立場に立つことができれば簡単に正解することができるでしょう．しかし，この課題を子どもに見せると，3歳児ま

ではまだ正しく答えることができません．その後，ほとんどの子どもが5歳までには正しく答えることができるようになり，心の理論を獲得するといわれています（Wellman *et al.*, 2001; Wimmer and Perner, 1983）．子どもがこの課題を正答できない理由は，「サリーはボールがカゴの中にあると（誤って）信じている」という，サリーの気持ちを推測することが困難であるからと考えられています．

また，"スマーティーズ課題"（Perner *et al.*, 1989）というのも心の理論課題として有名です．この課題では，スマーティーズというイギリスの子どもなら誰もがよく知っている筒型ケース入りのチョコを用います．日本でいうところのマーブル・チョコのようなものです．「この筒の中に，何が入っていると思いますか？」と子どもにたずねると，たいてい「チョコレート」と答えますが，実際に入っているのは鉛筆であることを子どもに見せます．その後に，「これからここにやってくる友達は，この筒のなかに何が入っていると思うでしょうか」とたずねます．もし友達も自分と同じように判断することや，自分に与えられた答えを友達には与えられていないということを理解しているならば，「チョコレート」と答えて正解できるはずですが，3歳児は「えんぴつ」と誤った答えを出します．やはり，この時期までは，他者の信念を理解することが難しいようです．

子どもは，悪気はないのに友達が嫌がることを言ってしまうことがありますが，それは心の理論がまだ獲得できておらず，自分の言ったことが相手にどう受け取られるかを想像することができないためだと考えられています．

7.2　心の理論の発達

さらに複雑な課題として「ある人の考えを，また別のある人がどのように考えているか」という二重構造の心の理論は6歳程度にならないと理解が困難だといわれています（Baron-Cohen, 1989）．先ほど説明した"サリーとアンの課題"は一次誤信念課題とよばれていますが，この課題をさらに複雑な入れ子状態にした二次誤信念課題というものもあります．二次誤信念課題の代表例として，"アイスクリーム屋課題"を示しますので，解いてみましょう．

「ジョンとメアリーが公園で遊んでいると，アイスクリーム屋さんがやってきました．2人はアイスクリームを食べたいと思いましたが，2人ともお財布を持っていませんでした．そこで，メアリーは財布をとりに家に帰りました．ところが，アイスクリーム屋さんは公園ではお客さんが来ないので，教会に移動するとジョンに告げました．メアリーは財布を持って公園に戻ろうとしていた途中で，アイスクリーム屋さんに出会い，教会に移動することを知ります．では，ジョンは今，メアリーはアイスクリーム屋さんがどこにいると思っていると考えているでしょうか．」

ジョンは「メアリーが教会に行く途中のアイスクリーム屋さんに出会い移動することを知っている」ということを知らない状態です．したがって，ジョンは，メアリーはアイスクリーム屋さんがまだ公園にいると思っていると考えられます．この課題をクリアできるためには，アイスクリーム屋さんが教会に行くことを知っているメアリーの考えと，メアリーが知っていることを知らないジョンの考えの理解が必要とされます．子どものころは，大人が観ている複雑なドラマを観ても理解できませんが，大人になるにつれて登場人物の込み入った人間関係を描く小説やドラマを楽しめるようになってきます．これまで紹介してきた課題は複雑なドラマほどではないですが，心の理論の獲得を理解し，子どもたちが抱えるコミュニケーションや集団参加の困難な背景を把握するために有効な手段であると考えられています．

7.3 動物における心の理論

心の理論は動物にもあるのでしょうか．その議論は「チンパンジーには心の理論はあるのか（Does the chimpanzee have a theory of mind?）」というタイトルで，遺伝的に最もヒトに近いとされるチンパンジーが仲間の心の状態を推測する能力をもっているのかを検証した論文に始まります（Premack and Woodruff, 1978）．この論文を発表したアメリカの動物行動学者であるPremackとWoodruffは，14歳の"サラー"というチンパンジーに対して，飼育者がさまざまな場面で困っている様子のビデオを観せました．たとえば，天井からぶら下がっているバナナに手を伸ばしてもとどかない状態などです．

その後，その困っている場面での正しい解決を示すもの（箱に乗ろうとする）を含んだ2枚の写真を見せ，1枚を選ばせるというテストをしたところ，サラーは正しく解決方法を選びました．解決方法を直接観察することはできませんが，他者の行動を予測して選択できることから，チンパンジーには飼育者の意図を推論できたと考えられています．ちなみに，チンパンジーと違ってマカクザルなどにはこうしたテストをパスすることができません．

　他者の心を推論できる利点のひとつに，「嘘をつけるようになる」ということが挙げられます．たとえばチンパンジーは，仲間がいるときはエサが落ちていることに気づいていないかのように振る舞う"欺き行動（deception behavior)"をすることが知られています．この欺き行動をとることによって，仲間と争うことなく，仲間が去った後に1人でエサを独り占めできるようになります．欺き行動の前提には，「自分はエサには気づいている」けれど，「相手はエサに気づいていない」ということを知っていなければいけません．"心の理論"は他者が自分とは異なる心的状態にあると理解することにはたらいていることから，欺き行動の根底には"心の理論"があるとも考えられます．

column　類人猿は，寸劇を観て他者の心の動きを読める？

　最近，チンパンジーのみならず，ボノボ，オランウータンなどに映像を見せて，心の理論があるのか調べた研究が新たに発表されました（Krupenye *et al.*, 2016）．この研究では，人役と類人猿の着ぐるみを着た動物役のドラマを見せて，チンパンジーたちが何を見ていたかをアイトラッカーで調べています．ドラマでは，①動物役が人役を攻撃し，②人役が棒を取りにいったん退室，③人役が戻ってくる，④動物役が2つの草むらのうちどちらかに隠れる，⑤人役が動物役に棒で反撃，というパターンを何度か繰り返します．そして最後に，人が退室しているときに動物役が立ち去り，戻ってきた人役は動物役がいないことを知らないとき，チンパンジーたちは人役の誤信念を予測して注視するかを，鑑賞中の目の動きから調べました．

　結果，計40匹のチンパンジー，ボノボ，オランウータンに見せた結果，動物種による差はなく，20匹が予測でき，10匹が予測できなかったそうです．このような研究から，類人猿も他者の心を推測できるのではないかという説が再度立ち上がっています．

ところが，チンパンジーにおける"心の理論"を最初に提案したPremackは，後の論文で，先述した"サリーとアンの課題"に相当するテストにチンパンジーはパスできないと報告しました（Premack, 1988）．彼は，チンパンジーが多くの点で限定的な心の理論しかもたないこと，そして，ヒト以外の霊長類が心の理論をもつことを示す証拠はまだ乏しいことを認めています．これらの検証から，チンパンジーには心の理論の萌芽はあるものの，心の理論そのものが存在しているとはいえない，という立場に立っています．そして，心の理論は脳の進化に伴って新たに出現した機能なのではないかと考えられています．

7.4　心の理論と自閉症スペクトラム

　"心の理論"の機能に障害があると共感的な行動ができず，他者とのコミュニケーションにおいて障害をひき起こしかねません．心の理論がうまく機能していない代表的な人たちが自閉症スペクトラムの人たちだと考えられています．先ほど紹介した自閉症研究の第一人者のBaron-Cohenらは，"サリーとアンの課題"の成績が，比較的重度な自閉症の子どもたちにおいて低いことを報告しています．ダウン症候群（Down syndrome）など他の発達障害を抱える子どもにおいては，このような誤信念課題の通過に困難を示さないことから，自閉症に特徴的なものだといえます．

　また，次のような物語を語り聞かせ，そのなかで言ってはいけないような発言が含まれているかどうかを答える課題（失言検出課題やfaux-pas課題といいます）にも正答に困難を示すことが知られています．

　「ジェームスはリチャードの誕生日におもちゃの飛行機をプレゼントしました．数カ月後，2人でこの飛行機で遊んでいると，ジェームスは突然それを落としてしまいました．するとリチャードは次のように言いました．気にしないで，どうせあまり気に入っていなかったから．誰かが僕の誕生日にくれたんだ．」

　この場面では，リチャードがプレゼントをくれたジェームスの前で「どうせあまり気に入っていなかったから」という失言をしています．Baron-Cohenによる研究では，アスペルガー症候群（Asperger syndrome）のような知的発達の遅れを伴わない高機能自閉症の人は健常者群に比べて，このような社会

的な失言の検出率が有意に低いことを示しています．物語で展開される文脈を理解し，失言，皮肉，比喩などの発言に隠された本来の意味を理解する際に困難を示す場合，実際に日常生活でも共感的な行動が難しくなります．

　自閉症の判断基準には，「楽しみや興味，達成感などを他人と分かち合うことを自発的に求めることの欠如」といった共感性に関するもの含まれています．Baron-Cohenらは，自閉症者の共感性障害のメカニズムを説明する有力な説のひとつとして，"心の理論障害説"あるいは"マインドブラインドネス説"を提唱しています（Baron-Cohen, 1995）．他者に対して共感を示すためには，他者の心の状態を認知する必要があるため，心の理論障害は共感性の障害に直結すると考えられています．

　また，ミラーニューロンシステムの発達に障害があるという"壊れた鏡説"も，自閉症の共感性欠如を説明する基盤として想定されています（Oberman and Ramachandran, 2007）．実際，カリフォルニア大学サンディエゴ校のObermanらによって行われた研究では，脳波研究に基づいた実験により，自閉症者は定型発達者と異なり，他者の行動を観察している際に運動野の活動がみられないということを報告しています（Oberman et al., 2005）．他者の行動や表情の読取りを担う神経基盤であるミラーニューロンシステムに障害がみられるのであれば，結果的に"心の理論"や"共感性"にも障害がみられることが予測されます．

　しかし，自閉症者は模倣そのものに困難を抱えているわけではありません．自閉症者に対する表情模倣（facial mimicry）の研究では，模倣に対して指示がない条件では，自発的に相手の表情をまねる傾向が弱いことが報告されていますが，「相手の表情を模倣してください」と明確に指示した条件では，表情をまねして自分の顔の筋肉を動かすことができます（McIntosh et al., 2006）．また，自閉症児も定型発達児と同じように，相手の手の動きを予期する眼球運動を示し，相手の行動から目的を読み取る能力を有していることも確認されています（Falck-Ytter, 2010）．さらに，目的がはっきりした行動や，道具の操作に関しては正確に模倣できることも報告されています（Hamilton et al., 2007）．このことから，自閉症者が困難を示すのは，自発的に他者を模倣することや，目的がはっきりしないしぐさやジェスチャーの模倣であるこ

とが確認され，ミラーニューロンシステムそのものが壊れているという説の支持は失われつつあります．このような自閉症者の特徴から，他者の動作への積極的な注意の弱さが自発的な模倣の障害に少なくとも寄与しているとも考えられています．

　また，他者の運動から次の動作を予期することへの困難さから自閉症者の特徴を説明する議論もなされています．定型発達者では，他者や自身が食べ物を口に運ぼうとすると，予期的に自分の口の筋肉における筋電位が変化することを 5.1 節で説明しました．一方，自閉症者では，他者が食べ物を口に運ぶ動きを見たときも，自分自身が同じ動きを行ったときも，口に到達する前に起こる予期的な口における筋電位に変化がありません（Cattaneo et al., 2007）．予期的な口の動きがみられず，実際に食べ物が口に到達した時点で口が動きはじめることが確認されています．このことから，自閉症者はミラーニューロンシステムに障害をもっているのではなく，複数に渡る運動の流れをオンラインで予期するはたらきに障害がみられる可能性も示唆されています．動きの予期に障害をもっているとしたら，他者の動きから次の動きを予測せず，それに応じて自分の運動を生成させないという解釈もされています．

7.5　自己・他者・対象物の三項関係

　ヒトのコミュニケーションの基盤となる心の理論の発達過程をおおまかにみていくと，2 つのターニングポイントがあるようです．1 つ目のターニングポイントは，生後 2 カ月でほほえみ革命といわれる反応を示すようになります．この時期の赤ちゃんは母親などの養育者と見つめ合う頻度が増えていきます．そしてそれに合わせて口を大きく開けて"ほほえむ"ようになります．この段階ではじめて自分と他者との間に社会的なコミュニケーションが生まれます．

　2 つ目のターニングポイントは 9 カ月の奇跡や 9 カ月革命とよばれています（Tomasello, 1999）．何ができるようになるかというと，自分と養育者（他者）との間に外界の対象物との関係を取り入れたコミュニケーションが可能になります．ヒトの赤ちゃんは，養育者を中心とした環境との相互作用を通して，視線を共有する能力を徐々に発達させていきます（Butterworth, 1991）（図

第7章 他者の心を理解する"心の理論"

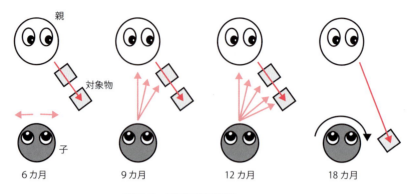

図7.2 共同注視の発達
Butterworth（1991）より．

7.2)．9カ月になる前は，他者が見ている方向を大雑把に追うことができます．これを"共同注視（joint visual attention，または共有注視）"といいます．9〜12カ月にかけて他者の視線がどこに向けられているのかチェックするようになります．そして，このようなスキルを基盤にして，他者の視線や指差しを介したやり取りが可能になります．15カ月になるころには，子どものほうから積極的に他者の注意を自分の興味の対象に向けさせるような行動ができるようになります．たとえば，子どもがイヌを指差し，「あ，わんわんだ」と言うと，親も「あ，ほんとだ．わんわんだね」というように，他者といっしょに対象を共有することができます．重要な点は，単純にイヌを指差すだけでなく，その後に親の方も見ているところです．このことは，他者も自分と同じようにイヌを見ているということを子どもが理解できていることを示しています．それまでは，泣いたり，笑ったり，声を発したりといった一方的なシグナルを発信して他者と二項関係（dyadic interaction）しか結べなかったところが，徐々に外界の対象物に注意を向けて，その知覚を他者と共有できるようになる三項関係（triadic interaction）が成立するようになるのです．"私"と"あなた"と"対象物"という3つの間の関係を，"私"と"あなた"で了解する，それが三項関係の理解です．

7.6 他者の心を読むために必要なシステム

　視線や注意を用いた"三項関係"をベースに，他者の心的状態の理解につながる能力が芽生えてきます．発達心理学者のBaron-Cohenは，他者の心を読むためのシステムとして4つの要素を提案していて，それらが発達に伴い獲得されていくことを示しています（Baron-Cohen, 1995）（図7.3）．

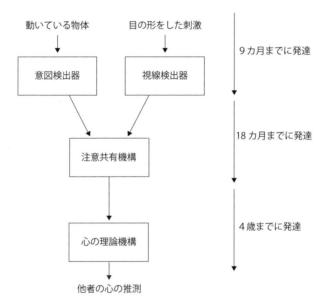

図7.3　心の理論を形成するモジュール
Baron-Cohen（1995）を参考に作成．

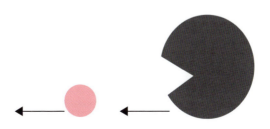

図7.4　意図検出器をはたらかせるような画像の例
川島（2002）を参考に作成．

図 7.5　視線検出器をはたらかせるような画像の例
川島（2002）を参考に作成.

　意図検出器（intentionality detector）は，動いている物体に対してその運動の意味や意図を検出するシステムです．たとえば，図 7.4 のような 2 つの図形が左方向に移動すると，右側の図形が左側の図形を追いかけている，または食べようとしていると感じるようなことが意図検出です．意図検出器は「A は B をしている」「A は B をしたい」など一方的な意図にすぎず 2 項的な関係です．

　視線検出器（eye-direction detector）は，視線がどこに向けられているのかを推定するシステムです．実際の顔を見ても，図 7.5 のような単純な漫画を見ても，その他者が左下を見ていると感じることができます．視線検出器も，たとえば「A は私を見ている」という一方的なシグナルのため，この段階も二項関係です．

　視線検出器には，①外部環境のなかに潜む目や目のような刺激を検知すること，②視線の方向を計算すること，②視線を送り出している者に対して，「何かを見ている」という心的状態を知ること，という 3 つの機能があります．

　注意共有機構（shared attention mechanism）は，他者が向けた注意の方向や対象を自分も認知して注意を向け，他者と自分が同じ対象に注意を向けていることを感じ取る能力です．これにより意図検出器と視線検出器の 2 つを統合することによって，自己・他者・対象物の間に三項関係が形成されます．そして，他者の考えや欲求を推測して，他者の心を理解する**心の理論機構**（theory of mind mechanism）が構築されます．

7.7 他者の視線を追う

　心の理論の能力を発現できるようになるために，最も重要な機能のひとつが視線の認識です．誰かと向き合って会話をしているとき，相手がふとよそ見をしていたら，何を見ているのだろうと気になって自分自身も同じ方向を見てしまいます．他者と同じ方向に反射的に注意を向ける現象を反射的注意シフト (reflexive attention shift) といいます．

　この現象は私たちの日常経験でも実感できますし，統制された実験でも明らかにされています．たとえば，実験参加者にスクリーン上の左もしくは右端に提示するターゲットを見つけるように指示します．このターゲットが出現する直前に，左か右の方向に視線を向けている人の顔写真を提示します．すると，顔写真の提示とターゲットの提示との間隔が短く，写真が示している視線の方向とターゲットの位置が一致している場合に，参加者の反応がより早くなります (Driver *et al.*, 1999)．このように，視線によって手がかりを探すことは自動的な処理過程に基づいていることがわかります．

　反射的注意シフトは，乳児でも観察できます．3～7 カ月の乳児に対しても同じような実験が行われていて (Hood *et al.*, 1998)，やはり，ターゲットが出現する位置が事前に提示した顔写真の視線方向と一致していると，一致していない場合と比べてターゲットを見るまでの時間が短くなります．また，不一致の条件では，乳児は顔写真の視線方向と同じ方向を見続けてしまうため，ターゲットを見つけることができなくなります．さらに，顔写真をスクリーンに残したままターゲットを提示すると，ほとんどの乳児が顔を見続けていて，ターゲットに視線を向けることができませんでした．ターゲットに視線を向けることができないのは，見ている対象から他の対象へ素早く眼球を動かす運動をコントロールするシステムが未熟なためだとされています．とはいえ，3 カ月の乳児であっても，他者の視線方向を区別することができたことから，視線検出器が発達の早期の段階から備わっていることを示唆しています．

7.8 視線の共有によって起こる現象

　他者と視線を共有することによって，脳の一部の活動が他者と同調する現象が起こることも報告されています．この現象は，2人の参加者をモニター越しにリアルタイムで対面させ，見つめ合っている最中の脳活動を，2人同時に記録可能な fMRI を用いて計測することによって発見されました（Saito et al., 2010）．お互いに目を見つめ合い，一方が目配せによって自分の注意を向けている方向を相手に伝え，両者が同じ場所に視線を向けているときの脳活動を調べてみると，2人の前頭葉に存在する右下前頭回の活動が高まり，その自発的な振動に同調がみられました．下前頭回は，自他の顔の区別に関与するだけでなく（2.4.5 項参照），ミラーニューロンが存在し（5.4 節），他者の動きの意味の推論にも関与していると考えられている領域です．この右下前頭回の活動の同期をきっかけに，機能的結合をもっている他の脳部位の活動にも，2人の間で対応していることが報告されています．また，高機能自閉症者と定型発達者をペアにして同様の実験を行うと，このような脳活動の同調はみられませんでした（Tanabe et al., 2012）．高機能自閉症者では，相手の目を見て反応する際に，視覚野において活動の低下がみられたのに対し，高機能自閉症者を相手にした定型発達者では視覚野と右下前頭回の活動に上昇がみられています．

　興味深いことに，ペアになった2人の瞬きの同期の度合を調べたところ，初対面どうしの参加者が1日目に実験をしたときにはとくに同期は起こらず，2日目に再度実験をすると2人の瞬きに有意な同期がみられるようになることもわかりました（Koike et al., 2016）．この研究グループの定藤規弘は，瞬きという無意識に発生する行動に2人をつなぐはたらきがあり，二者間の脳活動の状態を同期させたのではと，考察しています．

　このように，目と目を合わせて同じものに注意を向けることを"共同注意 (joint attention)"といいます．先ほど紹介した"共同注視"という用語と，とても似ていて，これまでの研究でもはっきり区別されずに使われていることもあります．違いとしては，"共同注視"は二者による物理的な対象への同時注視の状態を意味するもので，発達の早い段階からみることができます．一方，

"共同注意"はある対象を同時に見るだけでなく視線の動きや表情，声などを用いてその対象にまつわる情動的なメッセージを相手に伝えることによって，心の中の対象を共有している状態を示しているといわれています（常田・陳，2008）．

7.9 他者の視線を検出する脳部位

他者の視線を検出するシステムには，ほかに脳のどの部位が関わっているのでしょうか．PETを用いて，ヒトが他者の視線方向を認知するときに活動する脳部位を調査した研究を紹介します（Kawashima et al., 1999）．この研究では，視覚刺激として事前に撮影しておいた女性の顔のビデオを提示し，参加者に次のような3つの課題を行わせます．「参加者をまっすぐ見つめている女性の視線が参加者の頭部や腹部に移動するので，見つめられた場所に応じてボタンを押す（アイコンタクト課題）」，「参加者の右横を見つめている女性の視線が，上や下に移動するので，見つめられた場所に応じてボタンを押す（非アイコンタクト課題）」，「女性が左目を閉じたり開いたりするので，目の開閉に応じてボタンを押す（コントロール課題）」といった課題です．すると，アイコンタクト課題と非アイコンタクト課題は共通して，コントロール課題と比較して左半球の扁桃体が有意な活動を示しました．

これまで，扁桃体はおもに不快や嫌悪感などネガティブな情動に関与することが知られている部位でしたが，サルを用いた神経生理学的な研究でも，視線の方向の認知に関連して扁桃体が活動することが報告されています．また，サルの扁桃体を切除すると，視線の方向が判断できなくなることも知られています（川島，2002）．つまり，目が合う，合わないにかかわらず，視線の方向の検出に関与しているのは，扁桃体であると考えられています．

一方，自分に視線が向けられているとされるアイコンタクト課題では，非アイコンタクト課題と比べて，右半球の扁桃体，島皮質，帯状回などで有意な活動の指標がみられました．これらの領域は他者の視線が自分の方に向けられていると感じたときにとくに反応する部位だと考えられます．他人に見つめられると，警戒している人であれば恐れ，知っている人ならば安心を感じるなど，

それなりの情動反応が起こることを私たちは日常生活のなかで経験しますが，そうした情動を担っているのがこれらの領域なのかもしれません．

7.10 他者の目の表情を理解する

「目は口ほどにものを言う」ということわざのとおり，人は目の微細な動きから，見つめている方向のみならず，相手の気持ちを推測することができます．Baron-Cohenらは，それを確かめることができる方法として，"まなざし課題"を公開しています．まなざし課題とは，顔の中で目の周囲の領域だけの写真を見て，写っている人物の気持ちや心理状態を推測する課題です．その写真について，それぞれ4つの選択肢のなかから写真の人物の心情に最も近いと思う言葉を選択することで課題の正答数を評価します．このまなざし課題はWebでも挑戦できますので，気になる人は測定してみましょう（英語版：https://www.questionwritertracker.com/quiz/61/Z4MK3TKB.html）．

fMRIを用いて，まなざし課題を行っているときの脳活動を観察すると，扁桃体や上側頭溝などで活動がみられることがわかっています（Baron-Cohen et al., 1999）．扁桃体損傷例では，表情の認知に障害が起こることが知られています．そのメカニズムとしては，他者の表情の情報源となる目への注視の減少や，他者の視線の方向を手がかりに自分の注視を誘導する機能への障害が報告されています（Akiyama et al., 2007）．イラストで描かれた楕円の目や顔の両方に対しても，反応に障害がみられます．

先に紹介した他者の視線の認知とともに，他者の目が示す表情の認知にも扁桃体が関わっているようです．とくに，扁桃体は恐怖表情を見たときに素早く反応する領域です．扁桃体は刺激が快であるのか，不快であるのかをおおまかに判断し，不快刺激があれば逃げたり闘争したりする反応を起こす機能をもっています．身に危険が及ぶような刺激を察知し，素早く生まれつき備わっている感情や情動をひき起こすために重要な役割を果たしています．

扁桃体を含む側頭葉に損傷が起こると，サルではヘビやヒトを怖がらず接するようになります（Kluver and Bucy, 1939）．ヒトでも，扁桃体に限局した損傷を受けると，とくに恐怖表情の認知に障害が起こることが報告されていま

す（Adolphs et al., 1995）．また PET を用いて健常者の扁桃体の機能に着目した研究によると，提示した顔写真の恐怖表情が強まるほど，左扁桃体に優位な活動がみられることも報告されています（Morris et al., 1996）．つまり，扁桃体は，視線方向の検出のみならず，他者の恐怖表情を読み取るために重要な役割を果たしていると考えられています．

一方，上側頭溝は他者の動きの認識に関する脳部位です（第 1 章末の Key-Word 参照）．なかでも，視線をはじめとした目の周囲の領域の処理に対してよく反応することが fMRI などを用いた研究から明らかにされています．顔の認知研究においても上側頭溝のはたらきが重要な役割を果たしているとされています．先に説明した顔認知に関わる"紡錘状回（2.4.4 項参照）"とは異なり，STS は顔の動的な側面，すなわち，表情，視線の動き，口の運動についての情報に関与すると考えられています（Akiyama et al., 2006; Haxby et al., 2000）．

目を中心とした顔の表情認知に関わっている扁桃体と上側頭溝はどのように

アシンメトリックな左右の脳

column

7.9 節で紹介した研究では，他者の視線を検出するとき，左の扁桃体が活動することを紹介しました．7.10 節でも，他者の恐怖情報を読み取るときに，左の扁桃体が活動することを紹介しました．他の研究においても，睡眠不足の実験参加者が他者の恐怖表情をみると左の扁桃体の活動が増大することが報告されていることから，再現性があるようです（Motomura et al., 2013）．ただし，なぜ左の扁桃体のほうが他者の視線や表情に強く反応するのかは，まだ明らかになっていません．

脳の機能には左右で差があり，言語野が存在する側は優位半球とよばれています．右利きのヒトの多くは言語野が左半球にあるので，左側が優位半球です．優位半球は，計算や言語など，論理的な思考を受けもつ中枢が集まっていると考えられています．反対側は劣位半球とよばれ，空間や感性に関係する処理を行っていると考えられています．

他者の視線や表情を理解することが，論理的なことなのか，それとも直感的なものなのか，どちらかとは言い切れません．左右の脳は脳梁とよばれる連絡線維によって互いに連絡しながら複雑処理を行っていることから，脳の左右差についてはますます謎に包まれるばかりです．

仕事を住み分けているのでしょうか．扁桃体と上側頭溝の間には解剖学的なつながりがありますが，2つの領域の機能の違いは次のように想定されています（加藤・梅田，2009）．扁桃体は重要な刺激が意識に上る前に，早い段階で刺激を検出できる領域です（Morris *et al*., 1996; Vuilleumier *et al*., 2001）．扁桃体で処理された情報は，上側頭溝を中心とした視覚に関連する皮質に送られる可能性があります．上側頭溝では視覚的な分析が行われ，その詳細な分析結果は扁桃体へふたたび戻されるそうです．それに基づいて，近づくべきか逃げるべきかなどの価値判断がなされると考えられています．

7.11 アニメーションをモデルとした心の理論

　私たちは他者の動きのみならず，動物やアニメーションなどの動きを見て，その意図を推測することができます．丸や三角など意味のない図形にでさえ，アニメーション運動を追加することで，"もの" に対して "できごと" や "ストーリー" を表現することができます．では，どのようにして，ものを "知覚する脳" から，ストーリーの認知などに関わる "社会脳" が生まれるのでしょうか．アニメーションを用いた fMRI の実験を通して，アニメーションの動きが脳でどのように経験されるのかを調べた研究を紹介します．

　"もの" に "できごと" を加える実験をはじめて行ったのが，アメリカの心理学者である Heider と Simmel でした．彼らは複数の図形が，まるで追いかけたり追いかけられたりするような行動にみえるアニメーションをつくり，被験者に見せてどのようなストーリーに見えたかを答えさせました（Heider and Simmel, 1944）．

　図 7.6 に，実験に使われたアニメーションのパターンを示しました．
(1)　T が家に見立てた四角形に向かい，ドアを開け，家に入るとドアを閉める．
(2)　t と c が現れ，ドアのそばに進む．
(3)　T は家の外に出て t と争う．
(4)　T が勝つが，その間に c が家に入る．
(5)　T はふたたび家に入りドアを閉める．

7.11 アニメーションをモデルとした心の理論

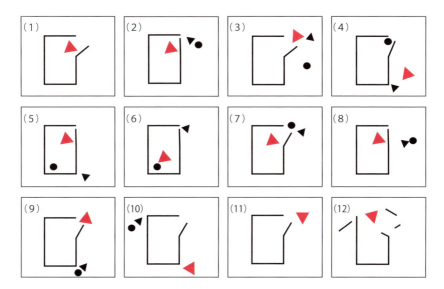

図 7.6 Heider と Simmel が用いたアニメーション
大きな三角形は T，小さな三角形は t，小さな円は c．

(6) T は家の中で c を追い回す．
(7) 外を回っていた t がドアを開き，c が家の外に出て，t と c はドアを閉ざす．
(8) T は家を飛び出そうとするが，ドアを開けることができない．t と c は家を回りながらお互いに何度かくっつき合う．
(9) T がドアを開いて家から外に出る．
(10) T は t と c を追いかけ回す．
(11) t と c はうまく逃げ画面から消える．
(12) T は家の壁をたたき続けて，家を壊す．

このようなアニメーションを見ると多くの人が T と t は男性，c は女性とみなしました．そして T は強引な男，t は c のヒーローのような恋人であると解釈されていました．ストーリーとしては，多くの参加者が人の行動に見立てて，「男が女に会おうとしたところ，女が別の男といっしょにやってきた．男は女といっしょにきた男に文句を言って小突き，けんかになった．女が家に入ると男は女を追いかけ回し，女は困って逃げ回る．いっしょに来た男が手こずりな

がらドアを開けると女といっしょに逃げ回り，強引な男は2人を追いかける．2人はうまく逃げ去り，強引な男は家に八つ当たりをした．」と答えました．ただの三角と丸の図形ですが，図形の動く速度や，動く方向の急な変更，図形どうしの衝突が，意味を推測するときの手がかりとなります．また，図形一つひとつの人格まで推測することができるようになります．

　京都大学の苧阪直行らのグループでは，このようなアニメーションを用いて，"もの（図形）"の知覚がどのように"ストーリー"の知覚に変わっていくのかをfMRIを使って調査しました（苧阪，2014）．3つの三角形が登場するアニメーションを参加者に見せます．アニメーションは，前もって別の観察者によってストーリー性のスコアが評定されていて，ストーリー性の高いアニメーションやストーリー性の低いアニメーションなど全部で50種類用いられました．

　fMRI分析の結果，図形のストーリー性が高いと評価されたアニメーションを見ると，右の広範囲にわたる上側頭溝が活動することがわかりました．この上側頭溝の活動には，ストーリー性の強さの程度と正の相関が認められました．一方，右の舌状回（視覚野）ではストーリー性の強さと負の相関が認められています．上側頭溝は，動く物体がストーリー性をもって相互作用するようにみえる場合に活動が高まることがすでに報告されている脳領域です（Blakemore et al., 2003; Saxe et al., 2004）．バイオロジカルモーション（解説「バイオロジカルモーション」参照）といわれる"点"で人の動きを示すアニメーションの実験でも，上側頭溝などの社会脳といわれている領域の活性化が認められています（Thompson et al., 2005）．

　ほかにも，自己と他者の区別や，心の理論と関わりが知られている下前頭回と縁上回を含む側頭頭頂接合部（TPJ, 1.2.8項参照）も正の相関を示していました．苧阪らは，下前頭回の領域の活動の増加はこの領域がストーリー性の有無の判断をモニターしている可能性があると示唆しています．ストーリー性の低いアニメーションは初期視覚領域が関与していますが，アニメーションのストーリー性が高くなると，側頭葉や頭頂葉，前頭葉の領域が関与することがわかります．つまり，ストーリーがない図形を見たときには知覚脳領域が，ストーリーがある場合には社会脳といわれる領域が関与するといえます．

7.11 アニメーションをモデルとした心の理論

解説　バイオロジカルモーション

バイオロジカルモーションとは，身体の数十カ所に付けられたマークの動きのみからヒトの行動を認識することができる現象です（図）．実際，インターネット上では，バイオロジカルモーションのデモンストレーションが多数あるので参考にしてみましょう．(BMLwalker demo http://www.biomotionlab.ca/Demos/BMLwalker.html).

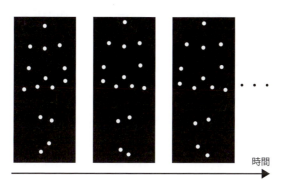

図　バイオロジカルモーション（ヒトの歩行）の一例

マークの運動のみから，ヒトが動いていることだけでなく，性別（Kozlowski and Cutting, 1977），感情（Dittrich et al., 1996），知人かそうでないか（Cutting and Kozlowski, 1977; Troje et al., 2005）などの情報も読み取ることができます．

バイオロジカルモーションの知覚処理に関連している脳領域も盛んに調べられています．バイオロジカルモーションの認識には，ヒトの身体の部位に対して選択的に活動する有線外皮質身体領域（EBA, 2.5 節参照）(Peelen et al., 2006)，身体の輪郭に対して活動するといわれている後頭極に近い Kinetic Occipital（KO），後頭葉の舌状回（Servos et al., 2002）など複数の領域が関与することが報告されています．とくに，いわゆるソーシャルブレインネットワークのひとつに含まれるといわれている後部上側頭溝（pSTS）のバイオロジカルモーションに対する反応が着目されています（Bonda et al., 1996; Grossman et al., 2000）．後部上側頭溝はバイオロジカルモーションの動きを見ると強く活動を示しますが，マークをつけられた物や道具の形や人の形をみただけでは活動を示しません．また，自分が運動をしているときは活動しませんが，他者の行

動を見ているときには活動するニューロンがあることが報告されています．サルを用いた研究では，後部上側頭溝に存在する多くの神経細胞が，動物の身体，頭部，視線の方向に特異的に興奮することが示されています（Perrett et al., 1992）．後部上側頭溝は他者の動きや身体の向きの認識に関与している領域で，他者がどこを見てどのような動作をしているのかを把握する役割をもっていると考えられています．

7.12 心の理論の神経基盤

7.12.1 心の理論に関わる内側前頭前野，後部上側頭溝，側頭極

　心の理論に重要な脳部位はどこなのでしょうか．脳部位の損傷例に対して行った心の理論課題の研究により，その要となる部位が明らかになりつつあります．たとえば，腹側の前頭連合野，とくに右半球の前頭葉眼窩部に損傷がある患者は，"だまし"を見抜くこと（情報を与えてくれる人が本当のことを伝えているのか，嘘を教えているのか）が求められる心理課題において，障害を示すことも明らかになっています（Stuss et al., 2001）．また，前頭葉眼窩部が損傷している患者では，先に説明した"サリーとアンの課題（7.1節参照）"のような一次誤信念課題，"アイスクリーム屋課題（7.2節参照）"のような二次誤信念課題には正解できるものの，"失言検出課題（7.4節参照）"においては何が問題なのかを把握できないことが示されています（Stone et al., 1998）．同様に，扁桃体損傷患者も失言を見ぬくような課題に障害を示すことが明らかになっています（Fine et al., 2001）．また，扁桃体損傷患者は，他者の視線の方向をとらえることや，他者の表情から情動をとらえることができないことも報告されています（Adolphs, 2008）．

　損傷研究だけでなく，最近では，多くの脳イメージング研究により，心の理論の神経基盤について信頼性のある成果が得られています（Agnew et al., 2007; Amodio and Frith, 2006; Corbetta et al., 2008; Saxe and Kanwisher, 2003）．たとえば，物語の登場人物の心の状態を推測するときに活動する脳領域をPETで調査した研究があります（Fletcher et al., 1995）．その研究では，実験参加者に次のような物語を読ませます．「逃走中の泥棒が

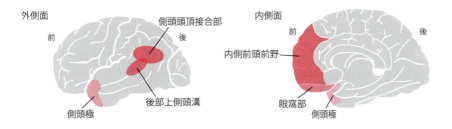

図 7.7　心の理論に関わる脳部位

手袋を落としました．事情を知らない巡回中の警官がそれを見て呼び止めました．泥棒は観念して犯行を自供しました」というような物語です．物語を読んだあと，「なぜ泥棒は犯行を自供したのか」を考えさせます．答えとしては「自分が泥棒をしたことを警官が知っていると泥棒が誤った信念をもっていた」といったようなことがいえるでしょう．このように登場人物の心の状態を推測させる課題を行っているときは，たんに物理的な因果関係の理解（たとえば機械の操作が関係するもの）を必要とする問題や，無関連な文章にある事実を問う課題に比べて，内側前頭前野（mPFC），左の後部上側頭溝（pSTS），側頭極（TP，2.4.5 項参照）で活性化がみられました．また，自閉症者ではこうした課題でこれらの部位の活性化がみられないことが明らかにされています．

　文章による物語だけでなく，先に説明したとおり図形の動きが相互に作用して生きているように見えるアニメーションを見ているときも，内側前頭前野，後部上側頭溝，側頭極で活動が起こります．そして，「図形の動きが生き物のようだ」とみなす程度が大きいほど，この 3 つの部位は大きく活性化すると，PET を用いた研究では報告されています（Castelli et al., 2000）．

　自閉症研究の第一人者であるロンドン大学の Frith らのレビューによると（Frith and Frith, 2003），内側前頭前野，後部上側頭溝，側頭極が心の理論を支える脳領域であることが報告されています（図 7.7）．この 3 つの部位のなかで，意思決定や価値判断に関わるといわれている内側前頭前野は「物理的な表象と心的状態の表象の区別」，他者の身体や視線などの動きに対して反応することが知られている後部上側頭溝は「行為の主体の検出」，側頭極は「社会性に関する認知へのアクセス」に関係していると考えられています．

心の理論課題を行った研究では一貫して内側前頭前野の活動が報告されているため，たんに課題の複雑さに対して反応しているだけだという批判もあります（嶋田，2011）．内側前頭前野の活動が心の理論にどれだけ特化して活動を示すのかについては，これからも更なる検討が必要なのかもしれません．

7.12.2 心の理論に関わる側頭頭頂接合部

心の理論に関わる脳領域として，側頭頭頂接合部（TPJ）も候補に挙げられています（図 7.7 参照）．この領域は，注意の切替えに関わっているほか，先に説明した図形のアニメーションにストーリーを感じた際に活動することがわかっていました（苧阪，2014）．

fMRI を用いた研究では，健常な参加者を対象に，登場人物の精神状態の推測を必要としないストーリーと，登場人物の精神状態の推測が必要なストーリーを読んでいるときの側頭頭頂接合部の活動が調べられています（Saxe and Kanwisher, 2003）．その結果，登場人物の精神状態に関するストーリーを読んでいるときに，両側の側頭頭頂接合部における活動が高くなることがわかりました．このことから，側頭頭頂接合部は他者の精神状態を推測するときに活動すると考えられています．国語の試験問題で「登場人物の気持ちを選べ」といったものがよく出題されますが，このとき側頭頭頂接合部が活動しているイメージです．

側頭頭頂接合部は"心の理論"だけでなく，物事の包含性や埋込み構造を理解する際に強く関与していることが報告されています（Decety et al., 2002）．つまり，他者の心の中に自身がどのように映っているのか，また，そのことを考えている自分について，他者がどのように理解しているか，といった複雑な構造の理解に関与している可能性があるといわれています．

7.12.3 損傷研究とイメージング研究の不一致

"心の理論"の実現に関連する脳のネットワークは"メンタライジングネットワーク"ともよばれています．心の理論に関係した脳機能イメージング研究の結果は，必ずしも損傷研究と一致しているわけではないようです．損傷研究では，扁桃体が心の理論課題に重要だとされていましたが，脳機能イメージン

グ研究においては同じ課題に対して扁桃体が活性化したという報告はほとんどありません．一方，ほとんどの脳機能イメージング研究で活性化がみられる内側前頭前野（mPFC）に損傷を受けても，先に説明した"誤信念課題（サリーとアンの課題）"における成績低下はまったく示されず，他者の心を理解する能力は極端には低下しないことがわかっています（Bird et al., 2004; Umeda et al., 2010）．ただし，内側前頭前野に損傷を受けると，自閉症指数質問用紙によるアンケートにおいて，自閉症傾向が強まるという結果も得られています．このような結果から，内側前頭前野はあくまでも"メンタライジングネットワーク"の一部であって，他の部位が適切に作動していれば，心の理論の理解に障害が顕著に現れるわけではないようです．ただし，ネットワークの一部に障害が起こることで，自閉症の傾向が高まる可能性も考えられます．

　心の理論に限らず心にまつわる研究は，損傷研究と脳機能イメージング研究の結果が一致しないことが多々あります．その理由として，たとえば次のようなケースが考えられます．脳のある機能に関して，部位 A,B,C,D が A-B-C-D-A の回路を形成したとします．B が損傷するとこの回路は機能しません．したがって，B が機能に関わる部位と認定されます．しかし，正常の状態で機能イメージングをすると C,D が顕著に活動し，B はたんに回路の中継地で活動はそれほど盛んではないという結果が得られた場合には，両者の結果は不一致となります．このように，損傷研究と脳機能イメージング研究の結果が一致しないときには解釈に注意が必要となるでしょう．

　感覚や運動のような社会性とは関係がない場合には，このような結果の不一致はそれほどみられません．このようなことから，認知にまつわる神経基盤については，関連する認知処理と脳部位を一対一で対応させるのではなく，ネットワークとしてとらえることで脳の機能を柔軟性のある処理メカニズムとして考えることが一般的になってきています．それぞれの認知機能に関するネットワークをスモールスケールネットワークとして，脳全体をラージスケールネットワークとしてとらえることで，統合的に脳の調和を理解しようという考え方が広がっています（梅田ほか，2014）．最近では，脳機能イメージング研究の発展に伴い，脳部位が他の脳部位に与える影響について調べることもでき，ネットワークとしての機能の理解が盛んに進められています．

第7章　他者の心を理解する"心の理論"

▶▶▶ Q & A ◀◀◀

 自己・他者・対象物の三項関係の理解はヒト以外の動物にもできますか？

　ヒト以外の動物では，三項関係の理解は成立しないといわれています．
　チンパンジーの母仔に珍しいおもちゃを与えたときに，三項関係的な交渉がみられるか調べた研究があります（小杉ほか，2003）．その結果，母親が操作しているおもちゃに仔が手を伸ばすといった行動は頻繁に観察されていましたが，ヒトの母子でよく観察される，子どもが持っているおもちゃを母親に見せたり手渡したりする行動や，母親が子どもを呼んで注意をおもちゃに向けさせるような積極的なはたらきかけはチンパンジーの母仔では観察されませんでした．このようなやりとりは，チンパンジーの仔が3歳を過ぎても劇的に変化することはないそうです．
　ヒト以外の動物のコミュニケーションでは，「これって，こういうことですよね」といったようなお互いの了解がみられません．信号の送り手は信号を送り，受け手はそれを受け取り，その情報によって次の行動を取ります．それは"自己と対象物"，"自己と他者"，"他者と対象物"の二項関係が基盤になっているといわれています．
　このように，三項関係に基づくコミュニケーションは，ヒトだけが独自に行うものであることから，三項関係の理解がヒトに特徴的な言語の習得においても非常に重要な役割を果たしていると考えられています．言語を中心とした知識を伝達するためには，三項関係を理解できなければ不可能です．ヒトが文化をもち，急速に文明を築くことができたのは，三項関係の理解が言語の習得，互いの意図の了解，共同作業を可能にしたからではないか，という説も立てられています．

 ヒトは白目と黒目がはっきりしているので，視線を追いやすい動物だと思います．他者の視線を認識する能力はヒト特有なのでしょうか．

　動物をよく観察してみると，ほとんどの動物は白目（強膜）の部分を外から見ることができません．霊長類のなかでも，白目の部分が見えるのはヒトだけです．黒目と白目がはっきり見えていると，視線がどこを向いているのか明確でわかりやすくなります．ヒトの黒目と白目がはっきりしているのは，集団で狩りをしていた時代に，視線の動きによって，相手が何を目的として，次に何をしようとするのかをお互いに理解するために進化してきたのかもしれないと考えられていま

す．

　実はヒトだけでなく，イヌも少し白目が見えています．イヌと共通の祖先をもつオオカミも，明るい色の虹彩の真ん中に黒い瞳孔が存在していて，視線がわかりやすい目をしています．このように視線がわかりやすい目をしているイヌ科の動物は，3頭以上の群れで生活していることが多く，視線を使って仲間とコミュニケーションをとっているといわれています（Ueda *et al.*, 2014）．

　イヌはヒトの視線を理解する能力にも長けています．ヒトの視線に対してイヌがどれくらい正確に反応するのかを調べた研究によると，イヌはチンパンジーよりも高い正解率でヒトの視線をヒントにエサが入った箱を選ぶことが報告されました（Hare *et al.*, 2002）．イヌはヒトと共生を始めた動物のなかで最も歴史が古く，最古の友人といわれています．イヌとヒトが共生するようになったのは，同じように視線を用いてコミュニケーションをとる機能を発達させてきたことが背景にあるのかもしれません．

8 "ミラーニューロン" と "共感" と "心の理論" の違い

　ミラーニューロン，心の理論，共感など，他者と自己の認識に関わるシステムについて紹介してきました．どれも自己と他者の認識に関わっていて，社会的インタラクションをうまく行うために必要な能力であるという点では共通していますが，いったい何がどう違うのか，混乱してきた読者もいるのではないでしょうか．筆者もその違いについて混乱してきた一人です．ここで，これらの概念やシステムをまとめてみましょう．

8.1 ミラーニューロンがはたらくとき

　ミラーニューロンシステムは，これまで説明してきたように他者の行動が自己の脳内で表象される状態です．自動的・直感的に起こる状態で，認知的なコントロールなどが介在することはありません．たとえば，他者がミルクを飲んで嫌な表情になったのを見たときを想像してみてください．この場合，運動前野と頭頂葉が運動を，二次感覚野が感覚を，そして島皮質や扁桃体などが感情を共有する回路としてはたらき，他者の身体状態を自己の状態へ重ね合わせていると考えられます（Keysers and Gazzola, 2007; 嶋田, 2011）．このようなミラーニューロンシステムの回路は，直感的であり，感覚的であり，意識的な熟考を必要しないといえます．ミラーニューロンシステムに関わる領域の多くは発達的にも早く成熟してきます．そして，ミラーニューロンシステムは他者の内部で何が起こっているかをシミュレートするため，共感のシステムとも関連していると考えられてきました．

8.2 共感がはたらくとき

　他者が何を感じているのか,どのような感情状態にあるのかを理解するとき,自分の運動プログラムをミラーニューロンとして用い他者の行動をシミュレートします.このミラーニューロンシステムと共感の関連については,一定の結論に到達していないのが現状です.ミラーニューロンシステムそのものが共感システムに強く関与しているかというと,これには否定的な見解もあります.たとえば,fMRIを用いた研究では,共感に関連した課題のときに活性化される領域は,ミラーニューロンシステムに関連する脳領域と一致しているわけではないことが報告されています（Fan *et al*., 2011）.

　とくに認知的共感などはつねに「私と相手は違う」という自他の区別が伴っていると考えられています（Decety and Moriguchi, 2007）.自己と他者が別のトラックで走っているというプロセスが必要で,さらに情動の適切なトップ・ダウン的なコントロールが加わります.加えて,メタ認知のように自己と他者の内面を俯瞰できる視点を取得し,心の理論などの機能を発揮できるようになっていきます.そして,この自動的な共鳴から心の理論までのプロセス全

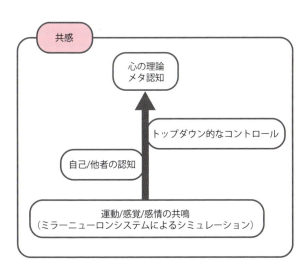

図 8.1　共感の構造
守口（2011）より.

体が"共感"であると考えられています（図 8.1）.

8.3 心の理論がはたらくとき

　ミラーニューロンシステムは，心の理論のシステムの先駆けとなる脳内メカニズムのひとつとして想定されていますが（Frith, 2003），システムとしてはどのような違いがあるのでしょう.

　たとえば，海外から来たお客さんにどのようなプレゼントをしたら喜ぶかを考えるとき，どのようなことを考えるでしょうか．相手の国や文化について思いを巡らし，相手が好みそうなものを推測しなければいけません．このように他者の心的状態について熟考するような"心の理論"をはたらかせるときには，前頭前野や側頭葉が関連しています．とくに，心の理論の機能には内側前頭前野（mPFC），後部上側頭溝（pSTS），側頭頭頂接合部（TPJ）が重要であると考えられています（Keysers and Gazzola, 2007; 嶋田, 2011）．これらの領域は新皮質に含まれていて，比較的遅く発達してきます.

　一方，ミラーニューロンシステムには内側前頭前野が含まれていません．求められているものが他者の心的状態の推論が必要ない単純な運動の意図の理解である場合には，内側前頭前野は活動しないという報告がされています（Iacoboni et al., 2005）．他者の意図理解と感情理解において活動する脳部位を比較した他の研究では，感情の理解にはとくに内側前頭前野や，前部帯状回，扁桃体が強く活動することが報告されています（Vollm et al., 2006）.

　先に説明したとおり，ミラーニューロンシステムは他者の無意味な運動ではなく，意図を推測できるような運動に対して作用します（5.6 節参照）．意図の有無という点で，心の理論に関わるネットワークと混同してしまいそうです．ミラーニューロンシステムと大きく異なるのは，心の理論のはたらきには，自己の意図と他者の意図を区別する要素が必要とされる点です．両者は発達の段階で獲得されていくもので，ミラーニューロンシステムのような感覚運動のマッチングによる脳内模倣やシミュレーションのほうが，心の理論の獲得より先に発達します．これまで説明してきたようなミラーニューロンシステムによってひき起こされるような視線の動きは，生後 12 カ月までにはできるよう

になっていますが,"サリーとアンの課題"のような心の理論課題は4歳以前の子どもではなかなかできません（Falck-Ytter *et al.*, 2006）. つまり,他者理解の基礎となるシステムとしてミラーニューロンのようなシミュレーションがあり,その上に心の理論に基づく他者理解も発達していくと考えられます.

心の理論も,心のなかでの一種のシミュレーションともいえますが,相手がいる現場でのシミュレーション（オンライン）から,過去あるいは未来をも想像空間に含めたシミュレーション（オフライン）へと発達したものが相当するのかもしれません.

8.4 他者から学ぶ新しい価値観

さまざまな人と関わって生きている私たちは,価値観が合うと思う友達の心や行動を予測することもあれば,考え方やバックグラウンドが異なる人の気持ちを思いやることもあるでしょう.

目に見えない他者の気持ちを考える過程には,2つの説が提唱されています. 1つ目は自分の心のプロセスをもとにして,他者の心のプロセスをあたかも自分のプロセスとして再現する"シミュレーション説"です. しかし,自分とは異なる価値観をもつ他者には,シミュレーション学習だけでは対応しきれなさそうです. たとえば,恋人と付き合ってみると,はじめのうちは予想外で理解不能な行動が目について驚くことがあることでしょう. しかし,交際を長く続けてみると「あの人はこういう人だから」とだんだん相手の行動パターンが予測できるようになってきます. このようなことから,2つ目の説としてシミュレーションは不必要で,他人が何にどのように反応するかのパターンを学習する"行動パターン説"も支持されてきました. この大きな2説のどちらが正しいのでしょうか. そして,ヒトの脳には実際にそれがどのように実現されているのでしょうか.

実験参加者が簡単なギャンブル課題を行っているときの脳活動と,他者（実際はコンピューター）がギャンブル課題をしているときの行動を予測する課題を行っているときの脳活動をfMRIにより計測した研究があります（Suzuki *et al.*, 2012）. 脳のはたらきを数学的に評価する"脳計算モデル"を構築し

た結果，シミュレーション説と行動パターン説を別々にした脳計算モデルよりも，両方の計算モデルをいっしょにした脳計算モデルが，最も行動データと対応することが発見されました．その脳活動は，内側前頭前野（mPFC）の腹側部（vmPFC）と背側部（dmPFC）の別々の領域で行われているそうです．内側前頭前野の腹側部は，シミュレーション学習に関わっていて，参加者自身が課題をしているときと領域が一致していることがわかりました．一方，予測した行動に誤差があり行動パターンを学習するときには，腹側部ではなく，背側部が活動します．

内側前頭前野は，先に紹介したデフォルトモードネットワーク（3.11 節参照）にも含まれている部位で，自己の内省などを処理するときにも活動する部位でもあります．とくに内側前頭前野の腹側部は，自分の気持ちを報告するように求められるときに活動します（Uddin et al., 2007）．興味深いことに，この腹側の内側前頭前野は，自分と似ていると感じる他者の心的状態を考えるときに活動するといわれています（Mitchell et al., 2006）．この研究を発表したグループは，顔写真を提示して自分とどれくらい似ているかを判定させたところ，その顔が自分と似ていると判断したときには腹側の内側前頭前野が，自分とは似ていないと判断したときには背側の内側前頭前野が活動することを示しています（Mitchell et al., 2005）．したがって，十分に自己に類似している他者の心的状態を考えるときには，自己の処理の場合と同じように腹側の内側前頭前野を活動させて他者の心的状態をシミュレーションしていると考えられます．加えて，自分とは異なる性質をもつと考えられる他者には，シミュレーション学習だけで対応するのではなく，背側の内側前頭前野の活動により行動パターンを学習していくことで，他者の新しい価値観へ対処しているのかもしれません．

8.5　他者としての自己

ヒトは自分についても心の理論をもつ必要があるとの見解もあります（下條，1999）．自分の認知や行為について理解するとき，それは無条件に与えられるのではなく，他人の心と同じように推定する必要があるということです．

たとえば"痛い"という気持ち．これは自分が痛いときの行動や，他者が傷んでいるときの行動が先に起こり，そこから後づけされるように"痛い"という状態を表現する言葉が認識されます．"痛い"という言葉は，子どものときに痛がって泣いているような行動を示しているときに，そのような振舞いを見た大人に「痛いの？」と聞かれるような経験から学習されていくことが想像できます．「これが"痛い"という状態なのか」といったように知らず知らずのうちに学んでいくのです．私たちは，このように周囲の他者から自分の状態を表現してもらうことによってしか，自分のありさまを記述する仕方を学ぶことはできないのかもしれません．

自己の内的状態は，自分をもう一人の他者として外から観察することによって認識されるともいえるでしょう．私たちは他者の振舞いや感情を自己の経験として積み重ねていきます．そして，今，自分が感じている思いや感情は自他問わず過去のさまざまな出来事を回想して組み合わせ，今経験していることが「他者からどのように見えるか」という視点で見ることによって生まれているのかもしれません．

8.6 まとめ

私たちの日常生活の大半は何らかの社会行動です．自己や他者の振舞いや心を認知するときにはたらいているのが，これまで紹介してきた脳の機能です．

本書を通して，自分自身の動きは前頭葉の運動野などがコントロールしていて，頭頂葉が中心となってそれを認識していることを学びました．そして，他者の動きを認識するときも自分が動いたときと同じように脳内表現され，ミラーニューロンシステムがはたらいていることを知りました．痛みの知覚に関わる島皮質や前部帯状回を中心としたペインマトリックスは，物理的な痛みだけでなく，心の痛みや他者の痛みの知覚にも関与していることを学びました．私たちは，他者の見えない心を理解する能力，"心の理論"をもっていることも紹介しました．心や振舞いを理解するとき，自分と他者で共通して前頭前野などが中心となってはたらいていることも学びました．脳の中に他者を存在させることにより，他者の気持ちを理解することができ，そのことが私たちの協

第8章 "ミラーニューロン"と"共感"と"心の理論"の違い

力行動を可能にし，人を人たらしめている文化や文明の発達につながったといえるでしょう．

　絶え間なく，今もどこかがはたらき続けている私たちの脳．その活動を目で見ることはできませんが，たとえば誰かに対して強い思いが沸いて出てきたとき，今自分の脳の中で何が起こっているのか，本書で知ったことを参考にして客観的に考えてみるのもお勧めです．「今日，あの人が言っていたことの意味を考えている自分．もしかしたら，メンタライジングネットワークがはたらいているのかも」などと．

　客観的に自分の気持ちをとらえることで，渦巻く感情に振り回されずに，冷静な自分を取り戻すこともできるかもしれません．筆者は涙もろいので，テレビのちょっとしたシーンなどに感動して涙を流してしまうのが恥ずかしいとき，「この感動は認知的共感なのか，それとも情動的共感なのか」と気持ちを診断することにしています．いったん自分の気持ちを外から観察するようにとらえて自覚するだけで，一呼吸おくことができたり，考えていてもどうしようもないことについてあれこれ考えるのをやめることができたり，他者の気持ちを理解し寛容になれることもあるかもしれません．

　本書で紹介した脳の機能について思いをはせることで，他者を思いやる気持ち，自分を思いやる気持ちを深めていただけたら嬉しいです．そしてこの一冊が，読者の皆さんの脳・神経の知識を豊富にするだけでなく，人生を豊かにすることにもお役に立てたら筆者として本望だと思っています．

▶▶▶ Q & A ◀◀◀

Q 心の理論などの研究成果は，私たちの社会生活にとても重要な事柄です．とくに道徳教育の現場などで科学的な立場から必要とされると思いますが，どの程度利用されているでしょうか？

A 私たちの脳には他者の気持ちを認知するシステムがあることを道徳教育の現場などで知ってもらうのは大切なことだと思います．
　しかし，現段階の脳科学で明らかになっていることは事実を述べているだけで，

人を導くには不十分な状態です．本書でも研究により明らかになったことを解釈してきましたが，推測が多く，まだ答えが不足しているように思います．

　もちろん，"倫理観"や"道徳感情"といった感性をなぜヒトがもっているのかについて，脳科学や心理学の観点から調べている研究は多々あります（金井, 2013; 川合, 2015）．とはいえ，かりに明確で十分な答えが導き出せたとしても，科学ではこうだから人はこうあるべきだと事実や答えを押し付けてしまっては，「人として正しいことを考える」道徳の教育の本来の姿とは少し違ってきてしまうように思います．このような研究の成果が人のあり方を導くのではなく，視野を広げて考えるヒントとして取り入れられるような教育は，今後の展望としてありえるかもしれません．

おわりに

　この本は大部分，浅場明莉さんが書いた本です．私も文章に関して，意見をしたところもありますが，浅場さんの女性らしい容易に人の心に入ってくる文体と私の文体で，1冊の本とすることはできませんでした．読者の皆さんも楽しんで読んで下さればと願っています．

　私は高校受験の冬に勉強に退屈すると，1人で夜，散歩に出かけました．そのときに，どうしても止められない，どこから湧き上がってくるかわからない言葉が自分の中を流れていることの不思議を感じました．しかも，明らかにそれは自分の言葉なのです．この言葉の流れは非常にビビッドで，「いま・ここで・現にある」(Husserl) 自己というものを強く意識するきっかけになりました．大学に入っていろいろな迷いから1週間の座禅の合宿に参加し，1つのことに精神を集中するように指導されました．しかし1週間では，自己の中から別な考えが立ち現れては多様な方向へ流れていってしまうのを止めることができませんでした．中学・高校と成長するに従い，いろいろな人たちと知り合い，多様な個性，考えの人がいることに気づきはじめました．とくに恋愛の対象となる女性では，自己の精神並みに理解しようと試みると，その考え方の違いに驚くとともに，より強い興味を惹かれることとなりました．私が脳科学を始める起点はここにあります．

　私たちは現在，独立開発研究法人・国立精神・神経医療研究センターの国立神経研究所で，自己と他者，または他者と他者の間に立ち現れる"社会性"に何らかの障害があるのではと考えられている自閉症の研究をしています．その研究は神経細胞のもつ小さな突起の異常から，遺伝子異常，神経回路，行動に至るまでの，多様なレベルの研究に広がっています．

　本ブレインサイエンス・レクチャーシリーズの全体の企画は，その完成をみ

おわりに

る前に若くして不治の病いで亡くなった東京都医学総合研究所の徳野博信先生によるものでした．今回，私たちに，浅場さんの前職である麻布大学での研究や，国立神経研究所での仕事も含めて，現在の自己と他者を認識する脳のサーキットという興味深い研究の一端をまとめて本にする機会を与えて下さったことを感謝し，ご冥福を祈らせていただきます．この本では，私たちが行った研究をいくつか紹介しています．いっしょに研究をしてくださった川合伸幸先生，鈴木 航先生，安江みゆき先生，坂野 拓先生およびECoGの写真を提供して下さった小松美佐子さん，また，執筆を熱心に勧めてくださり，いろいろなアドバイスを下さった市川真澄先生と共立出版の山内千尋さんに感謝をいたしたいと思います．

一戸紀孝

引用文献

乾 敏郎（2010）言語獲得と理解の脳内メカニズム．動物心理学研究，**60**(1)，59-72．

乾 敏郎（2012）円滑な間主観的インタラクションを可能にする神経機構（特集 からだと脳：身体知の行方）．こころの未来，**9**，14-17．

苧阪直行（2014）エージェントの意図を推定する心の理論―知覚脳からアニメーションを楽しむ社会脳へ．『自己を知る脳・他者を理解する脳 神経認知心理学からみた心の理論の新展開』（社会脳シリーズ6）（苧阪直行 編），新曜社．

梅田 聡・板倉昭二・平田 聡・遠藤由実・千住 淳・加藤元一郎・中村 真（2014）『共感』（岩波講座 コミュニケーションの認知科学 第2巻），岩波書店．

大平英樹（2015）共感を創発する原理．エモーション・スタディーズ，**1**(1)，56-62．

加藤元一郎（2014）共感の病理．『共感』（岩波講座 コミュニケーションの認知科学 第2巻），pp. 123-135，岩波書店．

加藤元一郎・梅田 聡（2009）ソーシャルブレインのありか．『ソーシャルブレインズ―自己と他者を認知する脳』（開 一夫・長谷川寿一 編），pp.161-186．東京大学出版会．

金井良太（2013）『脳に刻まれたモラルの起源―ヒトはなぜ善を求めるのか』（岩波科学ライブラリー），岩波書店．

川合伸幸（2015）『ヒトの本性―なぜ殺し，なぜ助け合うのか』，講談社．

川島隆太（2002）コミュニケーション機能のイメージング．『高次機能のブレインイメージング』（神経心理学コレクション），pp. 95-130，医学書院．

川人光男（1994）運動の計算モデル．『運動』（岩波講座 認知科学〈4〉），pp. 162-202，岩波書店．

九島紀子・齊藤 勇（2015）顔パーツ配置の差異による顔印象の検討．立正大学心理学研究年報，**6**，35-52．

小杉大輔・村井千寿子・友永雅己・田中正之・石田 開・板倉昭二（2003）物体の動きの因果性理解と社会参照との関連―ヒト乳児との直接比較による検討―．『チンパンジーの認知と行動の発達』（友永雅己・田中正之・松沢哲郎 編），pp. 232-242．京都大学学術出版会．

佐々木恵理・赤澤淳子・杉江 征（2013）身体的自己概念に関する研究の動向．筑波大学心理学研究，**46**，107-119．

塩田真友子・畠中七瀬・堀内 孝（2010）自己の名前と選択的注意：オドボール課題による検討．岡山大学大学院社会文化科学研究科紀要，**29**，199-203．

嶋田総太郎（2009）「自己」と「他者」の境界―身体感覚のメカニズム．『ソーシャルブレインズ―自己と他者を認知する脳』（開 一夫・長谷川寿一 編），pp. 59-78，東京大学出版会．

嶋田総太郎（2011）ミラーシステムと心の理論に関する認知神経科学研究の文献紹介．*Cognitive Studies*，**18**(2)，343-351．

引用文献

下條信輔（1999）『〈意識〉とは何だろうか　脳の来歴，知覚の錯誤』，講談社．
高橋　翠（2011）社会的手がかりと「男らしさ」が男性顔の魅力に与える影響：女性評定者側の要因による調整効果に着目して．電子情報通信学会技術研究報告，**111**(214)，27-31．
辰本頼弘・志水　彰（2006）「快の笑い」は他人の存在で増加するか？　関西福祉科学大学紀要，**10**，97-107．
丹治　順（1999）『脳と運動―アクションを実行させる脳』（ブレインサイエンスシリーズ⑰），共立出版．
丹治　順（2013）頭頂連合野と運動前野はなにをしているのか？―その機能的役割について―．理学療法学，**40**(8)，641-648．
常田美穂・陳　省仁（2008）乳児との共同注意行動の発達に寄与する養育者の行動特徴―モノから相手への注意のシフトをもたらす養育者の発話と行動に焦点を当てて―．北海道大学大学院教育学研究員紀要，**106**，135-147．
平岩幹男（2012）『自閉症スペクトラム障害―療育と対応を考える』（岩波新書），岩波書店．
平田　聡（2013）『仲間とかかわる心の進化―チンパンジーの社会的知性』（岩波科学ライブラリー），岩波書店．
藤井直敬（2009）脳の自己と他者：関係性の科学．認知リハビリテーション，**14**，1-7．
松田　剛・神田崇行・石黒　浩・開　一夫（2012）ヒューマノイドロボットに対するミラーニューロンシステムの反応．*Cognitive Studies*，**19**(4)，434-444．
宮崎美智子・開　一夫（2009）自己像認知の発達―「いま・ここ」にいる私．『ソーシャルブレインズ―自己と他者を認知する脳』（開　一夫・長谷川寿一　編），pp. 39-56．東京大学出版会．
村田　哲（2004）手操作運動のための物体と手の脳内表現．*VISION*，**16**(3)，141-147．
村田　哲（2005）模倣の神経回路と自他の区別．バイオメカニズム学会誌，**29**(1)，14-19．
村田　哲（2009）脳の中にある身体．『ソーシャルブレインズ―自己と他者を認知する脳』（開　一夫・長谷川寿一　編），pp. 79-108．東京大学出版会．
守口善也（2011）心身医学と，自己・他者の心の理解の脳科学．心身健康科学，**7**(1)，10-16．
守田知代・板倉昭二・定藤規弘（2007）自己意識と自己評価の発達とその神経基盤．ベビーサイエンス，**7**，22-39．
渡辺　茂（2009）動物の自己意識―異種感覚マッチングとしての出発．『ソーシャルブレインズ―自己と他者を認知する脳』（開　一夫・長谷川寿一　編），pp. 3-18．東京大学出版会．
Adolphs, R. (2008) Fear, faces, and the human amygdala. *Curr. Opin. Neurobiol*, **18**(2), 166-172.
Adolphs, R., Tranel, D., Damasio, H., Damasio, A. R. (1995) Fear and the human amygdala. *J. Neurosci.*, **15**(9), 5879-5891.
Agnew, Z. K., Bhakoo, K. K., Puri, B. K. (2007) The human mirror system: A motor resonance theory of mind-reading. *Brain Res. Rev.*, **54**(2), 286-293.
Akiyama, T., Kato, M., Muramatsu, T., Saito, F., Umeda, S., Kashima, H. (2006). Gaze but not arrows: A dissociative impairment after right superior temporal gyrus damage. *Neuropsychologia*, **44**(10), 1804-1810.
Akiyama, T., Kato, M., Muramatsu, T., Umeda, S., Saito, F., Kashima, H. (2007) Unilateral

amygdala lesions hamper attentional orienting triggered by gaze direction. *Cereb. Cortex*, **17**(11), 2593-2600.

Alessandri, S. M., Lewis, M. (1993). Parental evaluation and its relation to shame and pride in young children. *Sex Roles*, **29**(5), 335-343.

Alexander, G. E., DeLong, M. R., Strick, P. L. (1986). Parallel organization of functionally segregated circuits linking basal ganglia and cortex. *Ann. Rev. Neurosci.*, **9**, 357-381.

Allison, T., Puce, A., McCarthy, G. (2000) Social perception from visual cues: Role of the STS region. *Trends Cogn. Sci.*, **4**(7), 267-278.

Amodio, D. M., Frith, C. D. (2006) Meeting of minds: The medial frontal cortex and social cognition. *Nat. Rev. Neurosci.*, **7**(4), 268-277.

Amsterdam, B. (1972). Mirror self-image reactions before age two. *Dev. Psychobiol.*, **5**, 297-305.

Anderson, J. R., Kuroshima, H., Takimoto, A., Fujita, K. (2013a) Third-party social evaluation of humans by monkeys. *Nat. Commun.*, 4(1561), 1-5.

Anderson, J. R., Myowa-Yamakoshi, M., Matsuzawa, T. (2004) Contagious yawning in chimpanzees. *Proc. R. Soc. Lond. B*, **271** (Suppl. 6), 468-470.

Anderson, J. R., Takimoto, A., Kuroshima, H., Fujita, K. (2013b) Capuchin monkeys judge third-party reciprocity. *Cognition*, **127**(1), 140-146.

Apkarian, A. V., Bushnell, M. C., Treede, R. D., Zubieta, J. K. (2005) Human brain mechanisms of pain perception and regulation in health and disease. *Eur. J. Pain*, **9**(4), 463-484.

Arzy, S., Seeck, M., Ortigue, S., Spinelli, L., Blanke, O. (2006) Induction of an illusory shadow person. *Nature*, **443**, 287.

Asaba, A., Hattori, T., Mogi, K., Kikusui, T. (2014) Sexual attractiveness of male chemicals and vocalizations in mice. *Front. Neurosci.*, **8**(231), 1-13.

Asaba, A., Kato, M., Koshida, N., Kikusui, T. (2015) Determining ultrasonic vocalization preferences in mice using a two-choice playback test. *J. Vis. Exp.*, (103), 1-8.

Atsak, P., Orre, M., Bakker, P., Cerliani, L., Roozendaal, B., Gazzola, V., Moita, M., Keysers, C. (2011) Experience modulates vicarious freezing in rats: A model for empathy. *PLoS ONE*, **6**(7), 1-12.

Baron-Cohen, S. (1989) The autistic child's theory of mind: A case of specific developmental delay. *J. Child Psychol. Psychiatry*, **30**(2), 285-297.

Baron-Cohen, S. (1995). "Mindblindness: An essay on autism and theory of mind", MIT Press, Cambridge.

Baron-Cohen, S., Leslie, A. M., Frith, U. (1985) Does the autistic child have a "theory of mind"? *Cognition*, **21**(1), 37-46.

Baron-Cohen, S., Ring, H. A., Wheelwright, S., Bullmore, E. T., Brammer, M. J., Simmons, A., Williams, S. C. R. (1999) Social intelligence in the normal and autistic brain: An fMRI study. *Eur. J. Neurosci.*, **11**(6), 1891-1898.

Beckes, L., Coan, J. A., Hasselmo, K. (2013). Familiarity promotes the blurring of self and other in the neural representation of threat. *Soc. Cogn. Affect. Neurosci.*, **8**(6), 670-677.

Bidet-Caulet, A., Voisin, J., Bertrand, O., Fonlupt, P. (2005) Listening to a walking human activates the temporal biological motion area. *NeuroImage*, **28**(1), 132-139.

Bird, C. M., Castelli, F., Malik, O., Frith, U., Husain, M. (2004) The impact of extensive medial frontal lobe damage on "Theory of Mind" and cognition. *Brain*, **127**(4), 914-928.

Blair, R. J. R. (2008) Fine cuts of empathy and the amygdala: Dissociable deficits in psychopathy and autism. *Q. J. Exp. Psycho.*, **61**(1), 157-170.

Blakemore, S. J., Bristow, D., Bird, G., Frith, C., Ward, J. (2005) Somatosensory activations during the observation of touch and a case of vision-touch synaesthesia. *Brain*, **128**(7), 1571-1583.

Blakemore, S. J., Frith, C. D., Wolpert, D. M. (1999) Spatio-temporal prediction modulates the perception of self-produced stimuli. *J. Cogn. Neurosci.*, **11**(5), 551-559.

Blakemore, S. J., Sarfati, Y., Bazin, N., Decety, J. (2003) The detection of intentional contingencies in simple animations in patients with delusions of persecution. *Psycho. Med.*, **33**(8), 1433-1441.

Bonda, E., Petrides, M., Ostry, D., Evans, A. (1996) Specific involvement of human parietal systems and the amygdala in the perception of biological motion. *J. Neurosci.*, **16**(11), 3737-3744.

Borlongan, C. V., Watanabe, S. (1997) Footshock facilitates discrimination of stimulus properties of morphine. *Life Sci.*, **61**(11), 1045-1049.

Botvinick, M., Cohen, J. (1998) Rubber hands "feel" touch that eyes see. *Nature*, **391**, 756.

Brosnan, S., De Waal, F. (2003) Monkeys reject unequeal pay. *Nature*, **425**, 297-299.

Butterworth, G. (1991) The ontogeny and phylogeny of joint visual attention. "Natural Theories of Mind: Evolution, Development and Simulation of Everyday Mindreading" (Whiten, A., Ed.), pp. 223-232, Blackwell Publishing, Oxford.

Cacioppo, J. T., Norris, C. J., Decety, J., Monteleone, G., Nusbaum, H. (2009) In the eye of the beholder: Individual differences in perceived social isolation predict regional brain activation to social stimuli. *J. Cogn. Neurosci.*, **21**(1), 83-92.

Castelli, F., Happé, F., Frith, U., Frith, C. (2000) Movement and mind: A functional imaging study of perception and interpretation of complex intentional movement patterns. *NeuroImage*, **12**(3), 314-325.

Cattaneo, L., Fabbri-Destro, M., Boria, S., Pieraccini, C., Monti, A., Cossu, G., Rizzolatti, G. (2007) Impairment of actions chains in autism and its possible role in intention understanding. *Proc. Natl. Acad. Sci. U. S. A.*, **104**(45), 17825-17830.

Chao, Z. C., Nagasaka, Y., Fujii, N. (2015) Cortical network architecture for context processing in primate brain. *eLife*, **4**, 1-21.

Church, R. M. (1959). Emotional reactions of rats to the pain of others. *J. Comp. Physiol.*

Psychol., **52**(2), 132-134.
Clayton, N. S., Dickinson, A. (1998) Episodic-like memory during cache recovery by scrub jays. *Nature*, **395**(6699), 272-274.
Colby, C. L., Duhamel, J. R., Goldberg, M. E. (1993). Ventral intraparietal area of the macaque: Anatomic location and visual response properties. *J. Neurophysiol.*, **69**(3), 902-914.
Corbetta, M., Patel, G., Shulman, G. L. (2008) The reorienting system of the human brain: From environment to theory of mind. *Neuron*, **58**(3), 306-324.
Craig, A. D. (2009) How do you feel now? The anterior insula and human awareness. *Nat. Rev. Neurosci.*, **10**(1), 59-70.
Cutting, J., Kozlowski, L. (1977) Recognizing friends by their walk: Gait perception without familiarity cues. *Bull. Psychon. Soc.*, **9**(5), 353-356.
Damasio, H., Grabowski, T., Frank, R., Galaburda, A. M., Damasio, A. R. (1994). The return of Phineas Gage: Clues about the brain from the skull of a famous patient. *Science*, **264**(5162), 1102-1105.
Dasser, V. (1987) Slides of group members as representations of the real animals (*Macaca fascicularis*). *Ethology*, **76**(1), 65-73.
David, N., Cohen, M. X., Newen, A., Bewernick, B. H., Shah, N. J., Fink, G. R., Vogeley, K. (2007) The extrastriate cortex distinguishes between the consequences of one's own and others' behavior. *NeuroImage*, **36**(3), 1004-1014.
de Groot, J. H. B., Smeets, M. A. M., Kaldewaij, A., Duijndam, M. J. A., Semin, G. R. (2012). Chemosignals communicate human emotions. *Psychol. Sci.*, **23**(11), 1417-1424.
de Waal, F. (2009). "THE AGE OF EMPATHY - Nature's Lessons for a Kinder Society". Harmony Books, New York（柴田裕之 訳、西田利貞 解説（2010）『共感の時代へ―動物行動学が教えてくれること』, 紀伊國屋書店）.
Decety, J., Chaminade, T., Grèzes, J., Meltzoff, A. N. (2002) A PET exploration of the neural mechanisms involved in reciprocal imitation. *NeuroImage*, **15**(1), 265-272.
Decety, J., Grèzes, J., Costes, N., Perani, D., Jeannerod, M., Procyk, E., Grassi, F., Fazio, F. (1997) Brain activity during observation of actions. Influence of action content and subject's strategy. *Brain*, **120**(10), 1763-1777.
Decety, J., Moriguchi, Y. (2007) The empathic brain and its dysfunction in psychiatric populations: Implications for intervention across different clinical conditions. *BioPsychoSoc. Med.*, **1**(22), 1-21.
Delgado, J. M. R., Delgado-García, J. M., Amérigo, J. A., Grau, C. (1975) Behavioral inhibition induced by pallidal stimulation in monkeys. *Exp. Neuro.*, **49**(2), 580-591.
Dimberg, U. (1982). Facial reactions to facial expressions. *Psychophysiology*, **19**(6), 643-647.
Dittrich, W. H., Troscianko, T., Lea, S. E. G., Morgan, D. (1996) Perception of emotion from dynamic point-light displays represented in dance. *Perception*, **25**(6), 727-738.

Downing, P. E., Jiang, Y., Shuman, M., Kanwisher, N. (2001) A cortical area selective for visual processing of the human body. *Science*, **293**, 2470-2473.

Driver, J., Davis, G., Ricciardelli, P., Kidd, P., Maxwell, E., Baron-Cohen, S. (1999). Gaze perception triggers reflexive visuospatial orienting. *Vis. Cogn.*, **6**(5), 509-540.

Ehrsson, H. H., Spence, C., Passingham, R. E. (2004) That's my hand! Activity in premotor cortex reflects feeling of ownership of a limb. *Science*, **305**, 875-877.

Eisenberger, N. I., Lieberman, M. D., Williams, K. D. (2003) Does Rejection hurt? An fMRI study of Social Exclusion. *Science*, **302**, 290-292.

Falck-Ytter, T. (2010) Young children with autism spectrum disorder use predictive eye movements in action observation. *Biol. Lett.*, **6**(3), 375-378.

Falck-Ytter, T., Gredebäck, G., von Hofsten, C. (2006) Infants predict other people's action goals. *Nat. Neurosci.*, **9**(7), 878-879.

Fan, Y., Duncan, N. W., de Greck, M., Northoff, G. (2011) Is there a core neural network in empathy? An fMRI based quantitative meta-analysis. *Neurosci. Biobehav. Rev.*, **35**(3), 903-911.

Farrer, C., Franck, N., Georgieff, N., Frith, C. D., Decety, J., Jeannerod, M. (2003) Modulating the experience of agency: A positron emission tomography study. *NeuroImage*, **18**(2), 324-333.

Feinberg, T. E. (2001) "Altered Egos: How the Brain Creates the Self". Oxford University Press, Oxford.

Fenigstein, A., Scheier, M. F., Buss, A. H. (1975) Public and private self-consciousness: Assessment and theory. *J. Consul. Clin. Psychol.*, **43**(4), 522-527.

Ferrari, P. F., Rozzi, S., Fogassi, L. (2005) Mirror neurons responding to observation of actions made with tools in monkey ventral premotor cortex. *J. Cogn. Neurosci*, **17**(2), 212-226.

Fine, C., Lumsden, J., Blair, R. J. (2001) Dissociation between "theory of mind" and executive functions in a patient with early left amygdala damage. *Brain*, **124**, 287-298.

Fletcher, P. C., Happé, F., Frith, U., Baker, S. C., Dolan, R. J., Frackowiak, R. S. J., Frith, C. D. (1995) Other minds in the brain: A functional imaging study of "theory of mind" in story comprehension. *Cognition*, **57**(2), 109-128.

Flor, H., Nikolajsen, L., Jensen, S. T. (2006) Phantom limb pain: A case of maladaptive CNS plasticity? *Nat. Rev. Neurosci.*, **7**(11), 873-881.

Folmer, R. L., Yingling, C. D. (1997) Auditory P3 responses to name stimuli. *Brain Lang.*, **56**(2), 306-311.

Fox, W. M. (1970) A comparative study of the development of facial expressions in canids; Wolf, coyote and foxes. *Behaviour*, **36**(1), 49-73.

Frith, C. D., Frith, U. (2006) The neural basis of mentalizing. *Neuron*, **50**(4), 531-534.

Frith, U. (2003). Mind reading and mind blindness. "Autism: Explaining the Enigma, Second Edition", pp. 77-97. Blackwell Publishing, Oxford. (冨田真紀・清水康夫・鈴木玲子 訳（2003）

『心の読み取り，心の盲目―新訂 自閉症の謎を解き明かす』，東京書籍).
Frith, U., Frith, C. D. (2003) Development and neurophysiology of mentalizing. *Philos. Trans. R. Soc. Lond. B, Biol. Sci.*, **358**(1431), 459-473.
Fujii, N., Hihara, S., Iriki, A. (2007) Dynamic social adaptation of motion-related neurons in primate parietal cortex. *PLoS ONE*, **2**(4), 1-8.
Fujita, K., Morisaki, A., Takaoka, A., Maeda, T., Hori, Y. (2012) Incidental memory in dogs (Canis familiaris): Adaptive behavioral solution at an unexpected memory test. *Anim. Cogn.*, **15**(6), 1055-1063.
Gallagher, S. (2000) Philosophical conceptions of the self: Implications for cognitive science. *Trends Cogn. Sci.*, **4**(1), 14-21.
Gallese, V., Fadiga, L., Fogassi, L., Rizzolatti, G. (1996) Action recognition in the premotor cortex. *Brain*, **119**, 593-609.
Gallup, G. G. (1970) Chimpanzees: Self-recognition. *Science*, **167**, 86-87.
Gazzola, V., Rizzolatti, G., Wicker, B., Keysers, C. (2007) The anthropomorphic brain: The mirror neuron system responds to human and robotic actions. *NeuroImage*, **35**(4), 1674-1684.
Goodale, M. A., Meenan, J. P., Bülthoff, H. H., Nicolle, D. A., Murphy, K. J., Racicot, C. I. (1994) Separate neural pathways for the visual analysis of object shape in perception and prehension. *Curr. Biol.*, **4**(7), 604-610.
Graziano, M. S. A., Cooke, D. F. (2006) Parieto-frontal interactions, personal space, and defensive behavior. *Neuropsychologia*, **44**(13), 845-859.
Graziano, M. S., Cooke, D. F., Taylor, C. S. (2000) Coding the location of the arm by sight. *Science*, **290**, 1782-1786.
Graziano, M. S., Yap, G. S., Gross, C. G. (1994) Coding of visual space by premotor neurons. *Science (NY)*, **266**(5187), 1054-1057.
Greicius, M. D., Srivastava, G., Reiss, A. L., Menon, V. (2004) Default-mode network activity distinguishes Alzheimer's disease from healthy aging: Evidence from functional MRI. *Proc. Natl. Acad. Sci. U. S. A.*, **101**(13), 4637-4642.
Gross, C. G., Rocha-Miranda, C. E., Bender, D. B. (1972) Visual properties of neurons in inferotemporal cortex of the Macaque. *J. Neurophysiol.*, **35**(1), 96-111.
Grossman, E. D., Donnelly, M., Price, R., Pickens, D., Morgan, V., Neighbor, G., Blake, R. (2000) Brain areas involved in perception of biological motion. *J. Cogn. Neurosci.*, **12**(5), 711-720.
Haga-Yamanaka, S., Ma, L., He, J., Qiu, Q., Lavis, L. D., Looger, L. L., Yu, C. R. (2014) Integrated action of pheromone signals in promoting courtship behavior in male mice. *eLife*, **3**, 1-19.
Haga, S., Hattori, T., Sato, T., Sato, K., Matsuda, S., Kobayakawa, R., Sakano, H., Yoshihara, Y., Kikusui, T., Touhara, K. (2010) The male mouse pheromone ESP1 enhances female sexual receptive behaviour through a specific vomeronasal receptor. *Nature*, **466**, 118-

122.

Haker, H., Kawohl, W., Herwig, U., Rössler, W. (2013) Mirror neuron activity during contagious yawning-an fMRI study. *Brain Imaging Behav.*, **7**(1), 28-34.

Hamilton, A. F. de C., Brindley, R. M., Frith, U. (2007) Imitation and action understanding in autistic spectrum disorders: How valid is the hypothesis of a deficit in the mirror neuron system? *Neuropsychologia*, **45**(8), 1859-1868.

Hamlin, J. K., Wynn, K., Bloom, P. (2007) Social evaluation by preverbal infants. *Nature*, **450**(22), 557-559.

Hammerschmidt, K., Radyushkin, K., Ehrenreich, H., Fischer, J. (2009) Female mice respond to male ultrasonic "songs" with approach behaviour. *Biol. Lett.*, **5**(5), 589-592.

Hampton, R. R. (2001) Rhesus monkeys know when they remember. *Proc. Natl. Acad. Sci. U. S. A.*, **98**(9), 5359-5362.

Hare, B., Brown, M., Williamson, C., Tomasello, M. (2002) The domestication of social cognition in dogs. *Science*, **298**(5598), 1634-1636.

Hari, R., Forss, N., Avikainen, S., Kirveskari, E., Salenius, S., Rizzolatti, G. (1998) Activation of human primary motor cortex during action observation: A neuromagnetic study. *Proc. Natl. Acad. Sci. U. S. A.*, **95**(25), 15061-15065.

Harlow, J. M. (1868) Recovery from the passage of an iron bar through the head. *Publ. Mass. Med. Soc.*, **2**(2), 327-347.

Haxby, J. V., Hoffman, E. A., Gobbini, M. I. (2000) The distributed human neural system for face perception. *Trends Cogn. Sci.*, **4**(6), 223-233.

Heider, F., Simmel, M. (1944) An experimental study of apparent behavior. *Am. J. Psychol.*, **57**(2), 243-259.

Hein, G., Singer, T. (2008) I feel how you feel but not always: The empathic brain and its modulation. *Curr. Opin. Neurobiol.*, **18**(2), 153-158.

Herculano-Houzel, S. (2012) The remarkable, yet not extraordinary, human brain as a scaled-up primate brain and its associated cost. *Proc. Natl. Acad. Sci. U. S. A.*, **109**, 10661-10668.

Holy, T. E., Guo, Z. (2005) Ultrasonic songs of male mice. *PLoS Biol.*, **3**(12), 2177-2186.

Hood, B. M., Willen, J., Driver, J. (1998) Adult's eyes trigger shifts of visual attention in human infants. *Psychol. Sci.*, **9**(2), 131-134.

Horikawa, T., Tamaki, M., Miyawaki, Y., Kamitani, Y., (2013) Neural decoding of visual imagery during sleep. *Science*, **340**(6132), 639-642.

Iacoboni, M., Molnar-Szakacs, I., Gallese, V., Buccino, G., Mazziotta, J. C. (2005) Grasping the intentions of others with one's own mirror neuron system. *PLoS Biol*, **3**(3), 529-535.

Iacoboni, M., Wood, P. P., Brass, M., Bekkering, H., Mazziotta, J. C., Rizzolatti, G. (1999) Cortical mechanisms of human imitation. *Science*, **286**(5449), 2526-2528.

Iannetti, G. D., Mouraux, A. (2010). From the neuromatrix to the pain matrix (and back). *Ex. Brain Res.*, **205**(1), 1-12.

Iriki, A., Tanaka, M., Iwamura, Y. (1996) Coding of modified body schema during tool use by macaque postcentral neurones. *Neuroreport*, **7**(14), 2325-2330.

Ishida, H., Nakajima, K., Inase, M., Murata, A. (2010) Shared mapping of own and others' bodies in visuotactile bimodal area of monkey parietal cortex. *J. Cogn. Neurosci.*, **22**(1), 83-96.

Ito, T. A., Cacioppo, J. T. (2001) Affect and attitudes: A social neuroscience approach. "The Handbook of Affect and Social Cognition" (Forgas, J. P., Ed.), pp. 50-74, Lawrence Erlbaum & Associates, New Jersey.

Järveläinen, J., Schürmann, M., Avikainen, S., Hari, R. (2001) Stronger reactivity of the human primary motor cortex during observation of live rather than video motor acts. *Neuroreport*, **12**(16), 3493-3495.

Jeon, D., Kim, S., Chetana, M., Jo, D., Ruley, H. E., Lin, S. Y., Rabah, D., Kinet, J. P., Shin, H. S. (2010). Observational fear learning involves affective pain system and Cav1.2 Ca^{2+} channels in ACC. *Nat. Neurosci.*, **13**(4), 482-488.

Kampe, K. K. W., Frith, C. D., Frith, U. (2003) "Hey John": Signals conveying communicative intention toward the self activate brain regions associated with "mentalizing," regardless of modality. *J. Neurosci.*, **23**(12), 5258-5263.

Kanazawa, S. (1998) What facial part is important for Japanese monkeys (*Macaca fuscata*) in recognition of smiling and sad faces of humans (*Homo sapiens*)? *J. Comp. Psychol.*, **112**(4), 363-370.

Kawai, N., Yasue, M., Banno, T., Ichinohe, N. (2014) Marmoset monkeys evaluate third-party reciprocity. *Biol. Lett.*, **10**, 1-4.

Kawashima, R., Sugiura, M., Kato, T., Nakamura, A., Hatano, K., Ito, K., Fukuda, H., Kojima, S., Nakamura, K. (1999) The human amygdala plays an important role in gaze monitoring: A PET study. *Brain*, **122**(4), 779-783.

Kendrick, K. M., da Costa, A. P., Leigh, A. E., Hinton, M. R., Peirce, J. W. (2001) Sheep don't forget a face. *Nature*, **414**(6860), 165-166.

Keysers, C., Gazzola, V. (2007) Integrating simulation and theory of mind: From self to social cognition. *Trends Cogn. Sci.*, **11**(5), 194-196.

Keysers, C., Wicker, B., Gazzola, V., Anton, J. L., Fogassi, L., Gallese, V. (2004) A touching sight: SII/PV activation during the observation and experience of touch. *Neuron*, **42**(2), 335-346.

Kikuchi, Y., Senju, A., Akechi, H., Tojo, Y., Osanai, H., Hasegawa, T. (2011) Atypical disengagement from faces and its modulation by the control of eye fixation in children with autism spectrum disorder. *J. Autism Dev. Disord.*, **41**(5), 629-645.

Kikuchi, Y., Senju, A., Tojo, Y., Osanai, H., Hasegawa, T. (2009) Faces do not capture special attention in children with autism spectrum disorder: A change blindness study. *Child Dev.*, **80**(5), 1421-1433.

Kikusui, T., Takigami, S., Takeuchi, Y., Mori, Y. (2001) Alarm pheromone enhances stress-induced hyperthermia in rats. *Physiol. Behav.*, **72**(1-2), 45-50.

Kluver, H., Bucy, P. (1939) Preliminary analysis of functions of the temporal lobes in monkeys. *Arch. Neurol. Psychiatry*, **42**(6), 979-1000.

Kohda, M., Jordan, L. A., Hotta, T., Kosaka, N., Karino, K., Tanaka, H., Taniyama, M., Takeyama, T. (2015) Facial recognition in a group-living cichlid fish. *PLoS ONE*, **10**(11), 1-12.

Kohler, E., Keysers, C., Umiltà, M. A., Fogassi, L., Gallese, V., Rizzolatti, G. (2002) Hearing sounds, understanding actions: Action representation in mirror neurons. *Science*, **297** (5582), 846-848.

Koike, T., Tanabe, H. C., Okazaki, S., Nakagawa, E., Sasaki, A. T., Shimada, K., Sugawara, S. K., Takahashi, H. K.,Yashihara, K., Bosch-Bayard, J., Sadato, N. (2016) Neural substrates of shared attention as social memory: A hyperscanning functional magnetic resonance imaging study. *NeuroImage*, **125**, 401-412.

Konerding, W. S., Zimmermann, E., Bleich, E., Hedrich, H.-J., Scheumann, M. (2016) Female cats, but not males, adjust responsiveness to arousal in the voice of kittens. *BMC Evol. Biol.*, **16**(157), 1-9.

Kozlowski, L. T., Cutting, J. E. (1977) Recognizing the sex of a walker from a dynamic point-light display. *Percept. Psychophys.*, **21**(6), 575-580.

Krupenye, C., Kano, F., Hirata, S., Call, J., Tomasello, M. (2016) Great apes anticipate that other individuals will act according to false beliefs. *Science*, **354**(6308), 110-114.

Langford, D. J., Bailey, A. L., Chanda, M. L., Clarke, S. E., Drummond, T. E., Echols, S., Glick, S., Ingrao, J., Klassen-Ross, T., Lacroix-Fralish, M. L., Matsumiya, L., Sorge, R. E., Sotocinal, S. G., Tabaka, J. M., Wong, D., van den Maagdenberg, A. M., Ferrari, M. D., Craig, K. D., Mogil, J. S. (2010) Coding of facial expressions of pain in the laboratory mouse. *Nat. Methods*, **7**(6), 447-449.

Langford, D. J., Crager, S. E., Shehzad, Z., Smith, S. B., Sotocinal, S. G., Levenstadt, J. S., Chanda, M. L., Levitin, D. J., Mogil, J. S. (2006) Social modulation of pain as evidence for empathy in mice. *Science*, **312**(5782), 1967-1970.

Legate, N., DeHaan, C. R., Weinstein, N., Ryan, R. M. (2013) Hurting you hurts me too: The psychological costs of complying with ostracism. *Psychol. Sci.*, **24**(4), 583-588.

Lehmann, H. E. (1979) Yawning. A homeostatic reflex and its psychological significance. *Bull. Menninger Clin.*, **43**(2), 123-136.

Lewis, M. (1997) The self in self-conscious emotions. *Ann. N.Y. Acad. Sci.*, **818**, 119-142.

Lewis, M., Sullivan, M. W., Stanger, C., Weiss, M. (1989) Self development and self-conscious emotions. *Child Dev.*, **60**(1), 146-156.

Ligout, S., Porter, R. H., Bon, R. (2002) Social discrimination in lambs: Persistence and scope. *Appl. Anim. Behav. Sci.*, **76**(3), 239-248.

Magnée, M. J. C. M., De Gelder, B., Van Engeland, H., Kemner, C. (2007) Facial electromyographic responses to emotional information from faces and voices in individuals with pervasive developmental disorder. *J. Child Psychol. Psychiatry*, **48**(11), 1122-1130.

Maravita, A., Iriki, A. (2004) Tools for the body (schema). *Trends Cogn. Sci.*, **8**(2), 79-86.

McIntosh, D. N., Reichmann-Decker, A., Winkielman, P., Wilbarger, J. L. (2006) When the social mirror breaks: Deficits in automatic, but not voluntary, mimicry of emotional facial expressions in autism. *Dev. Sci.*, **9**(3), 295-302.

Meltzoff, A. N., Decety, J. (2003) What imitation tells us about social cognition: A rapprochement between developmental psychology and cognitive neuroscience. *Philos. Trans. R. Soc. Lond. B, Biol. Sci.*, **358**(1431), 491-500.

Mitchell, J. P., Banaji, M. R., Macrae, C. N. (2005) The link between social cognition and self-referential thought in the medial prefrontal cortex. *J. Cogn. Neurosci.*, **17**(8), 1306-1315.

Mitchell, J. P., Macrae, C. N., Banaji, M. R. (2006) Dissociable medial prefrontal contributions to judgments of similar and dissimilar others. *Neuron*, **50**(4), 655-663.

Miura, N., Sugiura, M., Takahashi, M., Sassa, Y., Miyamoto, A., Sato, S., Horie, K., Nakamura, K., Kawashima, R. (2010) Effect of motion smoothness on brain activity while observing a dance: An fMRI study using a humanoid robot. *Soc. Neurosci.*, **5**(1), 40-58.

Miyazaki, M., Hiraki, K. (2006) Delayed intermodal contingency affects young children's recognition of their current self. *Child Dev.*, **77**(3), 736-750.

Moriguchi, Y., Decety, J., Ohnishi, T., Maeda, M., Mori, T., Nemoto, K., Matsuda, H., Komaki, G. (2007) Empathy and judging other's pain: An fMRI study of alexithymia. *Cereb, Cortex*, **17**(9), 2223-2234.

Moriguchi, Y., Ohnishi, T., Lane, R. D., Maeda, M., Mori, T., Nemoto, K., Matsuda, H., Komaki, G. (2006) Impaired self-awareness and theory of mind: An fMRI study of mentalizing in alexithymia. *NeuroImage*, **32**(3), 1472-1482.

Morris, J. S., Frith, C. D., Perrett, D. I., Rowland, D., Young, A. W., Calder, A. J., Dolan, R. J. (1996) A differential neural response in the human amygdala to fearful and happy facial expressions. *Nature*, **383**(6603), 812-815.

Morton, J., Johnson, M. H. (1991) CONSPEC and CONLERN: A two-process theory of infant face recognition. *Psychol. Rev.*, **98**(2), 164-181.

Motomura, Y., Kitamura, S., Oba, K., Terasawa, Y., Enomoto, M., Katayose, Y., Hida, A., Moriguchi, Y., Higuchi, S., Mishima, K. (2013) Sleep debt elicits negative emotional reaction through diminished amygdala-anterior cingulate functional connectivity. *PLoS ONE*, **8**(2), 1-10.

Mouraux, A., Diukova, A., Lee, M. C., Wise, R. G., Iannetti, G. D. (2011) A multisensory investigation of the functional significance of the "pain matrix." *NeuroImage*, **54**(3), 2237-2249.

Müller, C. A., Schmitt, K., Barber, A. L. A., Huber, L. (2015) Dogs can discriminate emotional expressions of human faces. *Curr. Biol.*, **25**(5), 601-605.

Murata, A., Gallese, V., Luppino, G., Kaseda, M., Sakata, H. (2000) Selectivity for the shape, size, and orientation of objects for grasping in neurons of monkey parietal area AIP. *J. Neurophysiol.*, **83**(5), 2580-2601.

Nagasawa, M., Murai, K., Mogi, K., Kikusui, T. (2011) Dogs can discriminate human smiling faces from blank expressions. *Anim. Cogn.*, **14**(4), 525-533.

Northoff, G., Bermpohl, F. (2004) Cortical midline structures and the self. *Trends Cogn. Sci.*, **8**(3), 102-107.

Northoff, G., Heinzel, A., de Greck, M., Bermpohl, F., Dobrowolny, H., Panksepp, J. (2006) Self-referential processing in our brain — A meta-analysis of imaging studies on the self. *NeuroImage*, **31**(1), 440-457.

Oberman, L. M., Hubbard, E. M., McCleery, J. P., Altschuler, E. L., Ramachandran, V. S., Pineda, J. A. (2005) EEG evidence for mirror neuron dysfunction in autism spectrum disorders. *Cogn. Brain Res.*, **24**(2), 190-198.

Oberman, L. M., McCleery, J. P., Ramachandran, V. S., Pineda, J. A. (2007) EEG evidence for mirror neuron activity during the observation of human and robot actions: Toward an analysis of the human qualities of interactive robots. *Neurocomputing*, **70**(13-15), 2194-2203.

Oberman, L. M., Ramachandran, V. S. (2007) The simulating social mind: The role of the mirror neuron system and simulation in the social and communicative deficits of autism spectrum disorders. *Psychol. Bull.*, **133**(2), 310-327.

O'Connor, M. F., Wellisch, D. K., Stanton, A. L., Eisenberger, N. I., Irwin, M. R., Lieberman, M. D. (2008) Craving love? Enduring grief activates brain's reward center. *NeuroImage*, **42**(2), 969-972.

Ode, M., Asaba, A., Miyazawa, E., Mogi, K., Kikusui, T., Izawa, E. (2015) Sex-reversed correlation between stress levels and dominance rank in a captive non-breeder flock of crows. *Horm. Behav.*, **73**, 131-134.

Ohnishi, T., Moriguchi, Y., Matsuda, H., Mori, T., Hirakata, M., Imabayashi, E., Hirano, K., Nemoto, K., Kaga, M., Inagaki, M., Yamada, M., Uno, A. (2004) The neural network for the mirror system and mentalizing in normally developed children: An fMRI study. *Neuroreport*, **15**(9), 1483-1487.

Okamoto, Y., Kitada, R., Tanabe, H. C., Hayashi, M. J., Kochiyama, T., Munesue, T., Ishitobi, M., Saito, D. N., Yanaka, H. T., Omori, M., Wada, Y., Okazawa, H., Sasaki, A. T., Morita, T., Itakura, S., Kosaka, H., Sadato, N. (2014) Attenuation of the contingency detection effect in the extrastriate body area in autism spectrum disorder. *Neurosci. Res.*, **87**, 66-76.

Okuyama, T., Yokoi, S., Abe, H., Isoe, Y., Suehiro, Y., Imada, H., Tanaka, M., Kawasaki, T., Yuba, S., Taniguchi, Y., Kamei, Y., Okubo, K., Shimada, A., Naruse, K., Takeda, H., Oka, Y., Kubo, T., Takeuchi, H. (2014) A neural mechanism underlying mating preferences for familiar individuals in medaka fish. *Science*, **343**(6166), 91-94.

Peelen, M. V., Wiggett, A. J., Downing, P. E. (2006) Patterns of fMRI activity dissociate overlapping functional brain areas that respond to biological motion. *Neuron*, **49**(6), 815-822.

Pelphrey, K. A., Sasson, N. J., Reznick, J. S., Paul, G., Goldman, B. D., Piven, J. (2002) Visual scanning of faces in autism. *J. Autism Dev. Disord.*, **32**(4), 249-261.

Perani, D., Fazio, F., Borghese, N. A., Tettamanti, M., Ferrari, S., Decety, J., Gilardi, M. C. (2001) Different brain correlates for watching real and virtual hand actions. *NeuroImage*, **14**(3), 749-58.

Perner, J., Frith, U., Leslie, A. M., Leekam, S. R. (1989) Exploration of the autistic child's theory of mind: knowledge, belief, and communication. *Child Dev.*, **60**(3), 688-700.

Perrett, D. I., Hietanen, J. K., Oram, M. W., Benson, P. J. (1992) Organization and functions of cells responsive to faces in the temporal cortex. *Philos. Trans. R. Soc. Lond. B, Biol. Sci.*, **335**(1273), 23-30.

Perrett, D., Smith, P., Potter, D., Mistlin, A., Head, A., Milner, A., Jeeves, M. (1984) Neurones responsive to faces in the temporal cortex: Studies of functional organization, sensitivity to identity and relation to perception. *Hum. Neurobiol.*, **3**(4), 197-208.

Platek, S. M., Keenan, J. P., Gallup, G. G., Mohamed, F. B. (2004) Where am I? The neurological correlates of self and other. *Cogn. Brain Res.*, **19**(2), 114-122.

Plotnik, J. M., de Waal, F. B. M., Reiss, D. (2006) Self-recognition in an Asian elephant. *Proc. Natl. Acad. Sci. U. S. A.*, **103**(45), 17053-17057.

Pourtois, G., Peelen, M. V., Spinelli, L., Seeck, M., Vuilleumier, P. (2007) Direct intracranial recording of body-selective responses in human extrastriate visual cortex. *Neuropsychologia*, **45**(11), 2621-2625.

Premack, D. (1988) "Does the chimpanzee have a theory of mind?" revisited. "Machiavellian Intelligence: Social Expertise and the Evolution of Intellect in Monkeys, Apes, and Humans" (Byrne, R. W., Whiten, A., Eds.), pp. 160-179, Oxford University Press, Oxford.

Premack, D., Woodruff, G. (1978) Does the chimpanzee have a theory of mind? *Behav. Brain Sci.*, **1**(4), 515-526.

Quallo, M. M., Price, C. J., Ueno, K., Asamizuya, T., Cheng, K., Lemon, R. N., Iriki, A. (2009) Gray and white matter changes associated with tool-use learning in macaque monkeys. *Proc. Natl. Acad. Sci. U. S. A.*, **106**(43), 18379-18384.

Raichle, M. E., MacLeod, A. M., Snyder, A. Z., Powers, W. J., Gusnard, D. A., Shulman, G. L. (2001) A default mode of brain function. *Proc. Natl. Acad. Sci. U. S. A.*, **98**(2), 676-682.

Ramachandran, V. S., Blakeslee, S. (1999) "Phantoms in the Brain: Probing the Mysteries of the Human Mind". Quill, New York (山下篤子 訳 (2009) 『脳のなかの幽霊』, 角川書店).

Ramachandran, V. S., Rogers-Ramachandran, D., Cobb, S. (1995) Touching the phantom limb. *Nature*, **377**(6549), 489-490.

Reiss, D., Marino, L. (2001) Mirror self-recognition in the bottlenose dolphin: A case of cognitive convergence. *Proc. Natl. Acad. Sci. U. S. A.*, **98**(10), 5937-5942.

引用文献

Ricciardi, E., Bonino, D., Sani, L., Vecchi, T., Guazzelli, M., Haxby, J. V, Fadiga, L., Pietrini, P. (2009) Do we really need vision? How blind people "see" the actions of others. *J. Neurosci.*, **29**(31), 9719-9724.

Rizzolatti, G. (2005) The Mirror Neuron System and Imitation. "Perspectives on Imitation: From Neuroscience to Social Science Vol. 1. Mechanism of Imitation and Imitation in Animals" (Hurley, S., Chater, N., Eds.), pp. 55-76, MIT Press, Cambridge.

Rizzolatti, G., Arbib, M. A. (1998) Language within our grasp. *Trends Neurosci.*, **21**(5), 188-194.

Rizzolatti, G., Camarda, R., Fogassi, L., Gentilucci, M., Luppino, G., Matelli, M. (1988) Functional organization of inferior area 6 in the macaque monkey. II. Area F5 and the control of distal movements. *Exp. Brain Res.*, **71**(3), 491-507.

Rizzolatti, G., Fadiga, L., Gallese, V., Fogassi, L. (1996) Premotor cortex and the recognition of motor actions. *Cogn. Brain Res.*, **3**(2), 131-141.

Rizzolatti, G., Luppino, G. (2001) The cortical motor system. *Neuron*, **31**(6), 889-901.

Rizzolatti, G., Luppino, G., Matelli, M. (1998) The organization of the cortical motor system: New concepts. *Electroencephalogr. Clin. Neurophysiol.*, **106**(4), 283-296.

Rizzolatti, G., Matelli, M. (2003) Two different streams form the dorsal visual system: Anatomy and functions. *Ex. Brain Res.*, **153**(2), 146-157.

Romero, T., Konno, A., Hasegawa, T. (2013) Familiarity bias and physiological responses in contagious yawning by dogs support link to empathy. *PLoS ONE*, **8**(8), 1-8.

Rosenthal-von der Pütten, A. M., Krämer, N. C., Hoffmann, L., Sobieraj, S., Eimler, S. C. (2013) An experimental study on emotional reactions towards a robot. *Int. J. Soc. Robot.*, **5**(1), 17-34.

Rubin, D., Botanov, Y., Hajcak, G., Mujica-Parodi, L. R. (2012) Second-hand stress: Inhalation of stress sweat enhances neural response to neutral faces. *Soc. Cogn. Affect. Neurosci.*, **7**(2), 208-212.

Russell, D. W. (1996) UCLA Loneliness Scale (version 3): Reliability, validity, and factor structure. *J. Pers. Assess.*, **66**(1), 20-40.

Sacks, O. (1985) "The Man Who Mistook His Wife for a Hat", Summit Books, New York.

Saito, D. N., Tanabe, H. C., Izuma, K., Hayashi, M. J., Morito, Y., Komeda, H., Uchiyama, H., Kosaka, H., Okazawa, H., Fujibayashi, Y., Sadato, N. (2010) "Stay Tuned": Inter-individual neural synchronization during mutual gaze and joint attention. *Front. Integr. Neurosci.*, **4**(November), 1-12.

Sakata, H., Taira, M., Kusunoki, M., Murata, A., Tanaka, Y. (1997) The TINS lecture: The parietal association cortex in depth perception and visual control of hand action. *Trends Neurosci.*, **20**(8), 350-357.

Sakata, H., Takaoka, Y., Kawarasaki, A., Shibutani, H. (1973) Somatosensory properties of neurons in the superior parietal cortex (area 5) of the rhesus monkey. *Brain Res.*, **64**, 85-102.

Sato, N., Tan, L., Tate, K., Okada, M. (2015) Rats demonstrate helping behavior toward a soaked conspecific. *Anim. Cogn.*, **18**(5), 1039-1047.

Saxe, R., Kanwisher, N. (2003) People thinking about thinking people: The role of the temporo-parietal junction in "theory of mind." *NeuroImage*, **19**(4), 1835-1842.

Saxe, R., Xiao, D. K., Kovacs, G., Perrett, D. I., Kanwisher, N. (2004) A region of right posterior superior temporal sulcus responds to observed intentional actions. *Neuropsychologia*, **42**(11), 1435-1446.

Schjelderup-Ebbe, T. H. (1922) Weitere beiträge zur social-und individual psychologie des haushuhns. *Z. Psychol.*, **88**, 225-252.

Senju, A., Maeda, M., Kikuchi, Y., Hasegawa, T., Tojo, Y., Osanai, H. (2007) Absence of contagious yawning in children with autism spectrum disorder. *Biol. Lett.*, **3**(6), 706-708.

Servos, P., Osu, R., Santi, A., Kawato, M. (2002) The neural substrates of biological motion perception: An fMRI study. *Perception*, **12**(7), 772-782.

Shima, K., Tanji, J. (1998) Role for cingulate motor area cells in voluntary movement selection based on reward. *Science*, **282**(5392), 1335-1338.

Shimada, S., Hiraki, K., Oda, I. (2005) The parietal role in the sense of self-ownership with temporal discrepancy between visual and proprioceptive feedbacks. *NeuroImage*, **24**(4), 1225-1232.

Shimmura, T., Ohashi, S., Yoshimura, T. (2015) The highest-ranking rooster has priority to announce the break of dawn. *Sci. Rep.*, **5**(11683), 1-9.

Sifneos, P. E. (1973) The prevalence of "alexithymic" characteristics in psychosomatic patients. *Psychother. Psychosom.*, **22**(2), 255-262.

Singer, T., Seymour, B., Doherty, J. O., Kaube, H., Dolan, R. J., Frith, C. D. (2004) Empathy for pain involves the affective but not sensory components of pain. *Science*, **303**(5661), 1157-1162.

Singer, T., Seymour, B., O'Doherty, J. P., Stephan, K. E., Dolan, R. J., Frith, C. D. (2006) Empathic neural responses are modulated by the perceived fairness of others. *Nature*, **439**(7075), 466-469.

Sirigu, A., Daprati, E., Pradat-Diehl, P., Franck, N., Jeannerod, M. (1999) Perception of self-generated movement following left parietal lesion. *Brain*, **122**(10), 1867-1874.

Smith, J. D., Shields, W. E., Washburn, D. A. (2003) The comparative psychology of uncertainty monitoring and metacognition. *Behav. Brain Sci.*, **26**(3), 317-373.

Sotocinal, S. G., Sorge, R. E., Zaloum, A., Tuttle, A. H., Martin, L. J., Wieskopf, J. S., Mapplebeck, C. J., Wei, P., Zhan, S., Zhang, S., McDougall, J. J., King, O. D., Mogil, J. S. (2011) The Rat Grimace Scale: A partially automated method for quantifying pain in the laboratory rat via facial expressions. *Mol. Pain*, **7**(1), 55.

Sperry, R. W. (1950) Neural basis of the spontaneous optokinetic response produced by visual inversion. *J. Comp. Physiol. Psychol.*, **43**(6), 482-489.

Stone, V. E., Baron-Cohen, S., Knight, R. T. (1998) Frontal lobe contributions to theory of mind. *J. Cogn. Neurosci.*, **10**(5), 640-656.

Stuss, D. T., Gallup, G. G., Alexander, M. P. (2001) The frontal lobes are necessary for "theory of mind." *Brain*, **124**(Pt 2), 279-86.

Sugiura, M., Watanabe, J., Maeda, Y., Matsue, Y., Fukuda, H., Kawashima, R. (2005) Cortical mechanisms of visual self-recognition. *NeuroImage*, **24**(1), 143-149.

Suzuki, S., Harasawa, N., Ueno, K., Gardner, J. L., Ichinohe, N., Haruno, M., Cheng, K., Nakahara, H. (2012). Learning to simulate others' decisions. *Neuron*, **74**(6), 1125-1137.

Suzuki, W., Banno, T., Miyakawa, N., Abe, H., Goda, N., Ichinohe, N. (2015a) Mirror neurons in a new world monkey, common marmoset. *Front. Neurosci.*, **9**(459), 1-14.

Suzuki, Y., Galli, L., Ikeda, A., Itakura, S., Kitazaki, M. (2015b) Measuring empathy for human and robot hand pain using electroencephalography. *Sci. Rep.*, **5**(15924), 1-9.

Taira, M., Mine, S., Georgopoulos, A. P., Murata, A., Sakata, H. (1990) Parietal cortex neurons of the monkey related to the visual guidance of hand movement. *Ex. Brain Res.*, **83**(1), 29-36.

Takács, S., Gries, R., Zhai, H., Gries, G. (2016) The Sex attractant pheromone of male brown rats: Identification and field experiment. *Angew. Chem. Int. Ed. Engl.*, **55**(20), 6062-6066.

Tanabe, H. C., Kosaka, H., Saito, D. N., Koike, T., Hayashi, M. J., Izuma, K., Komeda, H., Ishitobi, H., Omori, M., Munesue, T., Okazawa, H., Wada, Y., Sadato, N., (2012) Hard to "tune in": Neural mechanisms of eye contact and joint attention in high-functioning autistic spectrum disorder. *Front. Hum. Neurosci.*, **6**(268), 1-15.

Terasawa, Y., Fukushima, H., Umeda, S. (2013a) How does interoceptive awareness interact with the subjective experience of emotion? An fMRI study. *Hum. Brain Mapp.*, **34**(3), 598-612.

Terasawa, Y., Shibata, M., Moriguchi, Y., Umeda, S. (2013b) Anterior insular cortex mediates bodily sensibility and social anxiety. *Soc. Cogn. Affect. Neurosci.*, **8**(3), 259-266.

Thompson, J. C., Clarke, M., Stewart, T., Puce, A. (2005) Configural processing of biological motion in human superior temporal sulcus. *J. Neurosci.*, **25**(39), 9059-9066.

Tomasello, M. (1999) "The Cultural Origins of Human Cognition", Harvard University Press, Cambridge.

Troje, N. F., Westhoff, C., Lavrov, M. (2005) Person identification from biological motion: Effects of structural and kinematic cues. *Percept. Psychophys.*, **67**(4), 667-675.

Uddin, L. Q., Iacoboni, M., Lange, C., Keenan, J. P. (2007) The self and social cognition: The role of cortical midline structures and mirror neurons. *Trends Cogn. Sci.*, **11**(4), 153-157.

Uddin, L. Q., Kaplan, J. T., Molnar-Szakacs, I., Zaidel, E., Iacoboni, M. (2005) Self-face recognition activates a frontoparietal "mirror" network in the right hemisphere: An event-related fMRI study. *NeuroImage*, **25**(3), 926-935.

Ueda, S., Kumagai, G., Otaki, Y., Yamaguchi, S., Kohshima, S. (2014) A comparison of facial color pattern and gazing behavior in canid species suggests gaze communication in gray wolves (*Canis lupus*). *PLoS ONE*, **9**(2), 1-8.

Ueno, A., Hirata, S., Fuwa, K., Sugama, K., Kusunoki, K., Matsuda, G., Fukushima, H., Hiraki, K., Tomonaga, M., Hasegawa, T. (2010) Brain activity in an awake chimpanzee in response to the sound of her own name. *Biol. Lett.*, **6**(3), 311-313.

Umeda, S., Mimura, M., Kato, M. (2010) Acquired personality traits of autism following damage to the medial prefrontal cortex. *Soci. Neurosci.*, **5**(1), 19-29.

Ungerleider, L. G., Mishkin, M. (1982) Two cortical visual systems. "Analysis of Visual Behavior", (Ingle, D. J., Goodale, M. A., Mansfield, R. J. W., Eds.), pp. 549-586, MIT Press, Cambridge.

Usui, S., Senju, A., Kikuchi, Y., Akechi, H., Tojo, Y., Osanai, H., Hasegawa, T. (2013) Presence of contagious yawning in children with autism spectrum disorder. *Autism Res. Treat.*, **2013**(971686), 1-8.

Vaish, A., Carpenter, M., Tomasello, M. (2010) Young children selectively avoid helping people with harmful intentions. *Child Dev.*, **81**(6), 1661-1669.

Van Den Bos, E., Jeannerod, M. (2002) Sense of body and sense of action both contribute to self-recognition. *Cognition*, **85**(2), 177-187.

Vollm, B. A., Taylor, A. N. W., Richardson, P., Corcoran, R., Stirling, J., McKie, S., Deakin, J. F., Elliott, R. (2006) Neuronal correlates of theory of mind and empathy: A functional magnetic resonance imaging study in a nonverbal task. *NeuroImage*, **29**(1), 90-98.

von Holst, E. (1954) Relations between the central nervous system and the peripheral organs. *Br. J. Anim. Behav.*, **2**(3), 89-94.

Vuilleumier, P., Armony, J. L., Driver, J., Dolan, R. J. (2001) Effects of attention and emotion on face processing in the human brain: An event-related fMRI study. *Neuron*, **30**(3), 829-841.

Watanabe, S., Kakigi, R., Koyama, S., Kirino, E. (1999). Human face perception traced by magneto- and electro-encephalography. *Cogn. Brain Res.*, **8**(2), 125-142.

Wechkin, S., Masserman, J. H., Terris, W. (1964) Shock to a conspecific as an aversive stimulus. *Psychon. Sci.*, **1**(1), 47-48.

Wellman, H. M., Cross, D., Watson, J. (2001) Meta-analysis of theory-of-mind development: The truth about false belief. *Child Dev.*, **72**(3), 655-684.

Wimmer, H., Perner, J. (1983) Beliefs about beliefs: Representation and constraircing function of wrong bekfs in young children's understanding of deception. *Cognition*, **13**, 103-128.

Wolpert, D. M., Goodbody, S. J., Husain, M. (1998) Maintaining internal representations: The role of the human superior parietal lobe. *Nat. Neurosci.*, **1**(6), 529-533.

Wood-Gush, D. G. M. (1955) The behaviour of the domestic chicken: A review of the literature. *Br. J. Anim. Behav.*, **3**(3), 81-110.

Yamada, M., Uddin, L. Q., Takahashi, H., Kimura, Y., Takahata, K., Kousa, R., Ikoma, Y., Eguchi, Y., Takano, H., Ito, H., Higuchi, M., Suhara, T. (2013) Superiority illusion arises from resting-state brain networks modulated by dopamine. *Proc. Natl. Acad. Sci. U. S. A.*, **110**(20), 4363-4367.

Yasue, M., Nakagami, A., Banno, T., Nakagaki, K., Ichinohe, N., Kawai, N. (2015) Indifference of marmosets with prenatal valproate exposure to third-party non-reciprocal interactions with otherwise avoided non-reciprocal individuals. *Behav. Brain Res.*, **292**, 323-326.

Yomogida, Y., Sugiura, M., Sassa, Y., Wakusawa, K., Sekiguchi, A., Fukushima, A., Takeuchi, H., Horie, K., Sato, S., Kawashima, R. (2010) The neural basis of agency: An fMRI study. *NeuroImage*, **50**(1), 198-207.

Yoon, J. M. D., Tennie, C. (2010) Contagious yawning: A reflection of empathy, mimicry, or contagion? *Anim. Behav.*, **79**(5), 1-3.

Zysset, S., Huber, O., Ferstl, E., von Cramon, D. Y. (2002) The anterior frontomedian cortex and evaluative judgment: An fMRI study. *NeuroImage*, **15**(4), 983-991.

索引

【数字・欧文】

5 野　31
7 野　31
9 カ月革命　137
9 カ月の奇跡　137

ACC　11
AI　61
AIP 野　30, 31
alexithymia　123
Alzheimer's desease　65
amygdala　38
anatomic imitation　102
angular gyrus　9
anterior cingulate cortex　11
anterior intraparietal area　30
anterior insula　61
ASD　16
asomatognosia　3
Asperger syndrome　135
autistic spectrum disorders　16
automatic imitation　94
Broadman, K.　1
Broca 野　4
cameleon effect　95
caudal intraparietal area　30
cerebral cortex　7
cerebral lobe　9
cingulate motor area　36
CIP 野　30
CMA　36
cognitive empathy　126
conduct disorder　125
dACC　61
deception behavior　134
dorsal pathway　30
dorsal premotor cortex　13
dosal anterior cingulate cortex　61
Down syndrome　135
dosal stream　30
dPM　14
dyadic interaction　138
EBA　44
ECoG　84
EEG　5
electroencephalogram　5
emotional contagion　112
emotional empathy　126
empathy　111
episodic memory　57
ERP　5
event-related potential　5
extrastriate body area　44
extrastriate cortex　44
eye-direction detector　140
F5　31, 95
facial mimicry　136
FAA　42
fissure　9
fMRI　6
frontal cortex　10
frontal lobe　10
functional Magnetic Resonance Imaging　6
fusiform face area　42
fusiform gyrus　42
gyrus　9
higher-order motor cortex　13
hippocampus　38
how pathway　30

索引

IFG　43
inferior frontal gyrus　43
inferior parietal lobule　9
insula cortex　60
intentionary detector　140
interoception　63
intraparietal　30
IP　30
joint visual attention　138
Kinetic Occipital　149
lateral intraparietal area　30
lateral prefrontal cortex　11
limbic system　38
lingual gyrus　42
LIP 野　30
magnetic resonance imaging　3
medial intraparietal area　30
medial prefrontal cortex　11
metacognition　49
MIP 野　30
mirror neuron　95
mirror self-recognition　39
mPFC　11
MRI　3
neuromatrix　116
neurophysiology　4
neuropsychology　3
OFC　11
olfactory epithelium　72
orbitofrontal cortex　11
pain matrix　60
parietal association area　8
parietal lobe　7
parieto occipital area　30
PEa 野　30
Penfield の地図　9
perspective-taking　18
PET　6
PFG 野　11, 31, 100
PI　61
Positron Emission Tomography　6
postcentral gyrus　7
posterior insula　61
posterior superior temporal sulcus　120
precuneus　43

prefrontal cortex　11
premotor cortex　13
primary motor cortex　13
primary somatosensory area　7
proprioception　20
private self-consciousness　53
prosopagnosia　3
pSTS　120
psycopathy　125
public self-consciousness　53
putamen　117
reflexive attention shift　141
S1　7
S2　9
secondary somatosensory area　9
sense of self-agency　28
sense of self-ownership　20
shared attention mechanism　140
social brain　70
somatosensory area　9
somatotopy　9
specular imitation　102
sulcus　9
striatum　50
STS　14, 42
superior parietal lobule　8
superior temporal sulcus　14
supramarginal gyrus　9
temporal pole　44
temporo-parietal junction　15
Theory of Mind　17
theory of mind mechanism　140
TOM　17
TP　44
TPJ　15
triadic interaction　138
UCLA 孤独感スケール　119
ultrasonic vocalizations　73
USVs　73
ventral intraparietal area　16, 30
ventral pathway　29
ventral premotor cortex　14
ventral stream　29
ventral striatum　119
ventral tegmental area　51

VIP 野　16, 30, 36, 101
vomeronasal organ　72
VTA　51
vPM　14
Wernicke 野　4
what pathway　29
where pathway　30

【和文】

あ

アイコンタクト課題　143
アイスクリーム屋課題　132
アイソレーションコール　69, 113
アイトラッカー　122
アカゲザル　56, 114
あくび　95, 121
欺き行動　134
アスペルガー症候群　16, 135
アブラムシ　81
アメリカカケス　57
アリ　81
アルツハイマー型認知症　65
アレキシサイミア　123

痛み関連領域　60
一次運動野　10, 14, 32, 47, 97
一次誤信念課題　132
一次視覚野　29, 42
一次体性感覚野　7, 26, 47, 98
一夫多妻制　71
意図検出器　140
イルカ　55
イヌ（科）　67, 79, 82, 121, 155

ウェルニッケ野　4
運動主体感　28
運動性言語野　4
運動前野　13, 24, 30, 66, 97, 156
運動ニューロン　32

エストロゲン　73
エピソード記憶　57, 67

縁上回　9, 28, 101, 117
遠心性コピー　33, 46, 107

オッドボール課題　5

か

外側溝　7
海馬　11, 38
開放の窓　48
解剖模倣　102
顔細胞　42
顔ニューロン　42
顔領域　42
鏡療法　47
角回　9, 28
カクテルパーティ効果　58
下前頭回　43, 66, 121, 142
下側頭回　14
下頭頂小葉　9, 26～28, 31, 97
カニクイザル　25, 74
カメムシ　81
カメレオン効果　95
感覚性言語野　4
感覚フィードバック　34, 107
眼窩前頭皮質　11

期待違反法　87
機能的磁気共鳴画像法　6
嗅上皮　72
旧世界ザル　104
共感（性）　111
鏡像認知　39
鏡像模倣　102
共同注意　142
共同注視　138, 142

クサガメ　81
グッピー　74
クロザル　92

蛍光トレーサー　105
警報フェロモン　81, 91
楔前部　43, 64
ゲラダヒヒ　121
言語野　3, 4

幻肢　33
幻肢痛　46

高機能自閉症　135, 142
高次運動野　10, 13, 32
高次視覚野　29
公的自己意識　53
行動パターン説　159
広鼻猿類　105
後部上側頭溝　120, 149, 151, 158
後部帯状回　64
後部帯状皮質運動野　37
後部島皮質　61
公平性　88
肛門囊　80
心の理論　17, 126, 130
心の理論課題　124, 130
心の理論機構　140
心の理論障害説　136
孤独感　119
コモンマーモセット　88
コルチコステロン　76
壊れた鏡説　136

━━━━━━ さ ━━━━━━

サイコパス　124
サイバーボール課題　62
逆さメガネ　22
サリーとアンの課題　130
三項関係　138, 154

磁気共鳴画像法　3
自己受容感覚　20
自己防衛的利他的行動　113
視床　11
視床下部　11
事象関連電位　5, 58
視神経　29
耳石器　46
視線検出器　140
視聴覚ミラーニューロン　108
失感情症　123
失言検出課題　135
失語症　3
私的自己意識　53

視点取得　18, 112, 124
自閉症スペクトラム（障害）　3, 16, 135
自閉症モデル　87
シミュレーション説　103, 159
社会性昆虫　81
社会的脳機能　71
社会脳　70, 146
順位制　76
上側頭回　14
上側頭溝　14, 42, 99, 145, 148
上頭頂小葉　8, 26, 27, 31, 97
情動的共感　126
情動伝染　111, 126
小脳　32
女性ホルモン　73
ジョハリの窓　48
鋤鼻器　72
神経回路　105
神経回路網　105
神経細胞　1
神経心理学　3
神経生理研究　4
新世界ザル　104
身体失認　3
身体的自己　19
身体保持感　20

錐体路　32
随伴反射　33
スカンク　80
スマーティーズ課題　132

舌状回　42, 148, 149
前角　32
線条体　50
選択法　86
前頭眼窩野　11
前頭前皮質　11
前頭前野　10, 11, 37, 78
　——外側部　11
　——眼窩部　11
　——内側部　11
　——腹内側部　63, 125
前頭葉　10, 74
前頭葉眼窩部　12, 150

前頭連合野　11, 150
前部帯状回　11, 50, 116, 158
　——背側部　126
前部帯状皮質運動野　37
前部島皮質　61〜63, 117
前補足運動野　13, 37

相貌失認　3, 43
側頭極　44, 151
側頭頭頂接合部　15, 119, 148, 152, 158
側頭葉　42, 74
側頭連合野　37
素行障害　125

■■■■■ た ■■■■■

帯状回　11, 37
帯状溝　37
帯状皮質運動野　13, 36
対人反応性指標　124
体性感覚皮質　61
体性感覚野　9
体性感覚連合野　25
大脳基底核　32
大脳縦裂　9
大脳皮質　7
大脳辺縁系　37, 38
体部位局在性　9, 32
ダウン症候群　135
他者視点取得　18
他者への気遣い　112
多種感覚ニューロン　16, 25
男性ホルモン　73

遅延見合わせ課題　56
注意共有機構　140
中心溝　7
中心後回　7
中側頭回　14
超音波音声　73
チンパンジー　41, 59, 121, 133, 154

テストステロン　72, 73
デフォルトモードネットワーク　64, 160

頭頂間溝　30, 78

頭頂間溝領域　36
頭頂後頭溝　7
頭頂後頭部　30
頭頂葉　7, 156
頭頂連合野　8, 25, 26, 30, 37
島皮質　60, 115, 126, 156
トップ・ダウン型情報処理　85
ドーパミン　51
ドーパミン受容体　50

■■■■■ な ■■■■■

内受容感覚　63
内側前頭前野　64, 124, 151, 153, 158, 160

二項関係　138
二次感覚野　156
二次誤信念課題　132
二次体性感覚野　97
ニホンザル　35, 77
ニューロマトリックス　116
ニューロン　1
ニワトリ　76
認知的共感　126

ネオテニー　73
ネガティビティ・バイアス　127
ネコ（科）　69

脳回　9
脳溝　9
脳波　5, 58
脳葉　9

■■■■■ は ■■■■■

バイオロジカルモーション　14, 148
背側運動前野　13, 30
背側経路　30
背側前部帯状回　61, 62
ハシブトガラス　76
ハチドリ　57
バルプロ酸　88
ハーレム制　71
反射的注意シフト　141

索引

被殻　117
皮質脊髄路　32
ヒツジ　74
秘密の窓　49
表情模倣　136

フィネアス・ゲージ　12
フェロモン　72
腹側運動前野　14, 30, 43, 95
腹側経路　29
腹側線条体　52, 119
腹側頭頂間溝領域　16, 36, 101
腹側被蓋野　51
フサオマキザル　87
プルチャー　74
プレイバウ　79
ブローカ野　4, 97
ブロードマン 5 野　25
ブロードマンの脳地図　2
文脈　70

平均以上効果　49
ペインマトリックス　60, 115
扁桃核　38
扁桃体　11, 38, 63, 125, 126, 143, 144, 156, 158
ペンフィールドの地図　9

紡錘状回　42, 43
ポジトロン断層法　6
補足運動野　13, 37
ボトム・アップ型情報処理　85
ボノボ　121
ほほえみ革命　137

ま

マインドブラインドネス説　136
マウス　56, 72, 79, 114, 128
マークテスト　39

まなざし課題　144
ミツバチ　81
見本見合わせ訓練　83
ミラーセラピー　47
ミラーニューロン　95
ミラーニューロンシステム　14, 115, 121

無意識模倣　94

メダカ　74
メタ認知　49
メンタライジングネットワーク　152

盲点の窓　48

や

優位半球　145
雄性ホルモン　72
有線外皮質　44
有線外皮質身体領域　44, 149

幼形成熟　73

ら

ラット　56, 79, 114, 128
ラバーハンド実験　23

ルージュテスト　39

裂　9
劣位半球　145
ロストコール　113
ロボット　118
ロボトミー　3

わ

笑いの伝染　127

MEMO

MEMO

[著者紹介]

著　者

浅場 明莉（あさば　あかり）

2016年　麻布大学大学院獣医学研究科動物応用科学専攻博士後期課程修了
現　在　国立精神・神経医療研究センター 日本学術振興会 特別研究員 博士(学術)
　　　　国立科学博物館認定サイエンスコミュニケータ
専　門　動物行動学
主　著　『観察する目が変わる動物学入門』(共著, ベレ出版, 2014)

監修者

一戸 紀孝（いちのへ　のりたか）

1995年　弘前大学大学院医学研究科修了
現　在　国立精神・神経医療研究センター 部長 博士(医学)
専　門　神経解剖学・神経科学

ブレインサイエンス・レクチャー 4 Brain Science Lecture 4 **自己と他者を認識する 脳のサーキット** *Brain Circuits for the Cognition of Self and Others* 2017年4月25日　初版1刷発行 検印廃止 NDC 491.371 ISBN 978-4-320-05794-4	著　者　浅場明莉　ⓒ2017 監修者　一戸紀孝 発行者　南條光章 発行所　**共立出版株式会社** 　　　　〒112-0006 　　　　東京都文京区小日向4丁目6番19号 　　　　電話　(03) 3947-2511 (代表) 　　　　振替口座　00110-2-57035 　　　　URL http://www.kyoritsu-pub.co.jp/ 印　刷 製　本　　錦明印刷 　一般社団法人 　　　　　自然科学書協会 　　　　　会員 Printed in Japan

---

JCOPY　<出版者著作権管理機構委託出版物>
本書の無断複製は著作権法上での例外を除き禁じられています．複製される場合は，そのつど事前に，出版者著作権管理機構（TEL：03-3513-6969，FAX：03-3513-6979，e-mail：info@jcopy.or.jp）の許諾を得てください．

■生物学・生物科学関連書

http://www.kyoritsu-pub.co.jp/ 共立出版

- バイオインフォマティクス事典……………日本バイオインフォマティクス学会編集
- 生態学事典………………………………………………日本生態学会編集
- 進化学事典………………………………………………日本進化学会編集
- 日本産ミジンコ図鑑……………………………………田中正明他著
- 日本の海産プランクトン図鑑 第2版 岩国市立ミクロ生物館監修
- 現代菌類学大鑑…………………………………………堀越孝雄他訳
- 大学生のための考えて学ぶ基礎生物学…………堂本光子著
- 生命科学を学ぶ人のための大学基礎生物学……塩川光一郎著
- 生命科学 ―生命の星と人類の将来のために―……津田基之著
- 生命科学の新しい潮流 理論生物学………………望月敦史著
- 生命・食・環境のサイエンス…………………………江坂宗春監修
- 環境生物学 ―地球の環境を守るには―……………津田基之他著
- 生命システムをどう理解するか……………………浅島 誠編集
- 生体分子化学 第2版……………………………………秋久俊博他編著
- 実験生体分子化学………………………………………秋久俊博他著
- モダンアプローチの生物科学………………………美宅成樹著
- なぜ・どうして種の数は増えるのか………………巌佐 庸監訳
- 数理生物学入門 ―生物社会のダイナミックスを探る―……巌佐 庸著
- 数理生物学講義 ―基礎編―……………………………瀬野裕美著
- 数理生物学 ―個体群動態の数理モデリング入門―……瀬野裕美著
- 生物数学入門 差分方程式・微分方程式の基礎からのアプローチ……竹内康博他監訳
- 生物学のための計算統計学…………………………野間口眞太郎他訳
- 一般線形モデルによる生物科学のための現代統計学 野間口謙太郎他訳
- 分子系統学への統計的アプローチ…………………藤 博幸他訳
- Rによるバイオインフォマティクスデータ解析 第2版 樋口千洋著
- バイオインフォマティクスのためのアルゴリズム入門……渋谷哲朗他訳
- 基礎と実習 バイオインフォマティクス…………郷 通子他編集
- 統計物理化学から学ぶバイオインフォマティクス 高木利久監訳
- システム生物学がわかる！……………………………土井 淳他著
- 細胞のシステム生物学………………………………江口至洋著
- 遺伝子とタンパク質のバイオサイエンス…………杉山政則編著
- 遺伝子から生命をみる………………………………関口睦夫他著
- せめぎ合う遺伝子 ―利己的な遺伝因子の生物学―…藤原晴彦監訳
- 生物とは何か？………………………………………美宅成樹著
- DNA鑑定とタイピング………………………………福島弘文他訳
- 基礎から学ぶ構造生物学……………………………河野敬一他編集

- 入門 構造生物学 放射光X線と中性子で最新の生命現象を読み解く……加藤龍一編集
- 構造生物学 ―原子構造からみた生命現象の営み―……樋口芳樹他著
- 構造生物学 ―ポストゲノム時代のタンパク質研究―……倉光成紀他編
- タンパク質計算科学 ―基礎と創薬への応用―……神谷成敏他著
- 脳入門のその前に……………………………………徳野博信著
- 脳 ―「かたち」と「はたらき」―……………………徳野博信訳
- 神経インパルス物語 ガルヴァーニの花火からイオンチャネルの分子構造まで 酒井正樹他訳
- 対話形式による講義 これでわかるニューロンの電気現象……酒井正樹著
- 生物学と医学のための物理学 原著第4版……曽我部正博監訳
- 生体分子の統計力学入門……………………………藤崎弘士他訳
- 細胞の物理生物学……………………………………笹井理生他訳
- 生命の数理…………………………………………巌佐 庸著
- デイビス・クレブス・ウェスト 行動生態学 原著第4版…野間口眞太郎他訳
- 高山植物学 ―高山環境と植物の総合科学―……増沢武弘編著
- 落葉広葉樹図譜 机上版／フィールド版……斎藤新一郎著
- 生態系再生の新しい視点……………………………高村典子編著
- 昆虫と菌類の関係 ―その生態と進化―……………梶村 恒他訳
- 個体群生態学入門 ―生物の人口論―……………佐藤一憲他訳
- 地球環境と生態系 ―陸域生態系の科学―…………武田博清他編集
- 環境科学と生態学のためのR統計……………………大森浩二他監訳
- 生態学のためのベイズ法……………………………野間口眞太郎他訳
- BUGSで学ぶ階層モデリング入門……………………飯島勇人他訳
- 湖沼近過去調査法……………………………………占部城太郎編
- 湖と池の生物学………………………………………占部城太郎監訳
- 津波と海岸林 ―バイオシールドの減災効果―……佐々木 寧他著
- 生き物の進化ゲーム 大改訂版………………………酒井聡樹他著
- 進化生態学入門 ―数式で見る生物進化―……………山内 淳著
- 進化のダイナミクス…………………………………竹内康博他監訳
- ゲノム進化学入門……………………………………斎藤成也著
- ニッチ構築 ―忘れられていた進化過程―…………佐倉 統他訳
- 基礎と応用 現代微生物学…………………………杉山政則著
- 細菌の栄養科学 ―環境適応の戦略―………………石田昭夫他訳
- 菌類の生物学 ―分類・系統・生態・環境・利用―……日本菌学会企画
- 新・生細胞蛍光イメージング…………………………原口徳子他編
- よくわかる生物電子顕微鏡技術……………………臼倉治郎著
- 食と農と資源 ―環境時代のエコ・テクノロジ―……中村好男他著